LIBRO 1
PARTE II

COLECCIÓN
DEL COLEGIO A LA UNIVERSIDAD II

CÁLCULO VECTORIAL

LIBRO 1 – PARTE II

- ECUACIÓN DE LA CIRCUNFERENCIA Y
- TRANSFORMACIÓN DE COORDENADAS

Con aplicaciones en la vida cotidiana

Pasitos de bebé ...

GABRIEL LOA

PERÚ

CÁLCULO VECTORIAL

LIBRO 1- PARTE II

- **Ecuación de la circunferencia y**
- **Transformación de coordenadas**

Autor-Editor:
© Gabriel Gustavo Aguilar Loa
Av. María Parado de Bellido-Santa Anita
Teléfono 977826184
gabriel.libros@gmail.com
Lima-Perú

Primera edición, octubre 2020

Hecho el Depósito Legal en la Biblioteca Nacional del Perú con número 2020-06785

ISBN: 9798554870989

Se terminó de imprimir en octubre de 2020 en
Made in the USA-Columbia, SC
Razón social: Amazon Digital Services LLC
Dirección legal: Amazon Digital Services LLC
410 Terry Avenue North
Seattle, WA, 98109, United States

Libro en tapa blanda, disponible en AMAZON:
https://www.amazon.com/

Facebook: Matemática superior pasito a pasito

DEDICATORIA

A mi esposa Silvia y a mi hijo Piero, quienes aceptaron sacrificar muchas horas que les pertenecía, y les agradezco sobremanera por seguir mi sueño, quizás incomprendido.

A mi madre, Alejandrina Loa, mamá gallina, te extraño mucho alejita y sigo tu ejemplo.

A mi padre, Gabriel Aguilar, por sus consejos y su ejemplo de trabajo.

A mis hermanos, Benjie, Mila, Kelly y el incomprendido de Richie, gracias por su paciencia.

PRESENTACIÓN

Estimado lector, le presento este nuevo trabajo que tiene como título **LIBRO 1-Parte II,** es el primer libro de la Colección DEL COLEGIO A LA UNIVERSIDAD II **de CÁLCULO VECTORIAL.**

El TOMO 1 está conformado por cuatro libros, denominados:

> - LIBRO 1- Parte I
> - LIBRO 1- Parte II
> - LIBRO 1- Parte III
> - LIBRO 1- Parte IV.

El **LIBRO 1- Parte II** contiene las siguientes secciones:
- 1.3. Ecuación de la circunferencia y
- 1.4. Transformación de coordenadas.

Cada uno de ellos con sus respectivos NOTEBOOK I y II, siguiendo la estructura y metodología descrita a continuación.

1. Presentación del capítulo, el cual está conformado por secciones (rectángulos en color amarillo).

Cap. 1 Geometría analítica plana

➜ 1.3. Ecuación de la circunferencia

57. Introducción:

Amigo lector, la forma de una circunferencia se emplea para diseñar hermosas obras arquitectónicas, como La Monumental de Frascuelo (Granada-España), una plaza de toros inaugurado en 1928,

2. Motivación y competencia del capítulo (con aplicaciones en la vida diaria).

MOTIVACIÓN Y COMPETENCIA

Geometría analítica plana

Amigo lector, sabemos que la geometría analítica relaciona números y formas, a partir de un sistema de coordenadas. La fuerza gravitacional que el Sol ejerce sobre el planeta depende únicamente de la distancia de éste al Sol y se describe mediante las coordenadas polares. Las trayectorias de los satélites se

3. Presentación de cada sección con una pequeña historia de la Ecuación de la circunferencia y luego la Transformación de coordenadas.

57. Introducción:

Amigo lector, la forma de una circunferencia se emplea para diseñar hermosas obras arquitectónicas, como La Monumental de Frascuelo (Granada-España), una plaza de toros inaugurado en 1928, construido por el arquitecto Casas, consta de tres pisos: tendido general, gradas y andanadas. El diámetro del ruedo es de 50 metros y con aforo para más de 14 000 espectadores (1).

4. El MARCO TEÓRICO en detalle y los tópicos (temas diversos de la sección) son enumerados y lo llamamos **artículos,** que son desarrollados con la rigurosidad que la matemática exige. Por ejemplo, a continuación, vemos el artículo 60 que trata de la ecuación de la circunferencia en su forma ordinaria.

60. Ecuación de la circunferencia en su forma ordinaria: Llamada también ecuación de la circunferencia en la forma de centro-radio, o reducida. Es aquella ecuación de una curva que nos permite obtener más rápida y directamente sus características geométricas fundamentales, como son el centro y su radio.

5. Los EJEMPLOS ILUSTRATIVOS que ejemplifican un teorema, una propiedad o ley. De esa forma estaremos seguros que se comprendió el marco teórico.

Ejemplo ilustrativo 14:
Ecuación de la familia de circunferencias. Escribe la ecuación de la familia de todas las circunferencias concéntricas cuyo centro común es el punto $(3,5)$.

Usando la ecuación centro-radio tenemos, $(x-3)^2 + (y-5)^2 = k^2$, donde el parámetro es k y es cualquier número positivo. Dando diversos valores a k obtenemos la ecuación de la familia de circunferencias.

6. Los EJERCICIOS que refuerzan lo anterior, con un procedimiento muy detallado, con "manzanitas", con pasitos de bebé. Estimado lector, usted se formará desde el principio con este libro.

Todos los ejercicios, tienen un número que es correlativo hasta el último libro de la colección, un título (en color azul), el enunciado y el procedimiento con mucho detalle, es la forma de aprender, de entusiasmarse y seguir avanzando, a pesar del cansancio producto del trabajo y del estudio durante el día.

Ejercicio 42:
Ecuación de la circunferencia. Halle la ecuación de la circunferencia que pasa por el punto $(0,0)$ de radio $r = 13$, sabiendo que la abscisa de su centro es -12.

Pasos:
1. En este ejercicio usamos la ecuación en la forma canónica $r^2 = x^2 + y^2$, donde la abscisa de su centro es $h = -12$ y $r = 13$.

2. A continuación, con el centro de la circunderencia $C(-12, 13)$ podemos obtener k, así tenemos:
$$r^2 = x^2 + y^2 \;\; \to r^2 = h^2 + k^2 \to (13)^2 = (-12)^2 + k^2 \quad \therefore k = \pm 5.$$

3. Luego, la ecuación de la forma centro-radio, permite:
$$(x-h)^2 + (y-k)^2 = r^2$$
$$\to [x-(-12)]^2 + (y \pm 5)^2 = (13)^2.$$

4. Finalmente, se obtienen las ecuaciones de la circunferencia:
$$\text{Con } k=5: \quad (x+12)^2 + (y-5)^2 = 169$$
$$\text{Con } k=-5: \; (x+12)^2 + (y+5)^2 = 169.$$

7. Los TEOREMAS destacados en color azul (para distinguirlo rápidamente), enumerados con su nombre y con su respectiva demostración (artículo 74) pasito a pasito. El modelo matemático dispuesto en un cajón amarillo.

TEOREMA 21: Traslación de ejes. Cuando se trasladan los ejes coordenados a un nuevo origen $O'(h,k)$ además, si las coordenadas de cualquier punto P antes y después de la traslación son (x,y) y (x',y') respectivamente, entonces las ecuaciones de transformación del sistema original al nuevo sistema de coordenadas son las siguientes:

$$x = x' + h \qquad y = y' + k.$$

74. Demostración: La figura 50 muestra los ejes originales x y y y los nuevos ejes x' y y', y sean (h,k) las coordenadas del nuevo origen O' respecto al sistema original. A partir del punto P trazamos perpendiculares a ambos sistemas de coordenadas, luego, prolongamos los nuevos ejes hasta que corten a los originales en los puntos M y N sobre el eje x, y R y S sobre el eje y. A continuación, empleando

8. El diseño de los GRÁFICOS son muy, pero muy descriptivos y las TABLAS elaboradas, son originales, que nos permite organizar la información, para el aprendizaje y rápida comprensión de los problemas de la vida diaria.

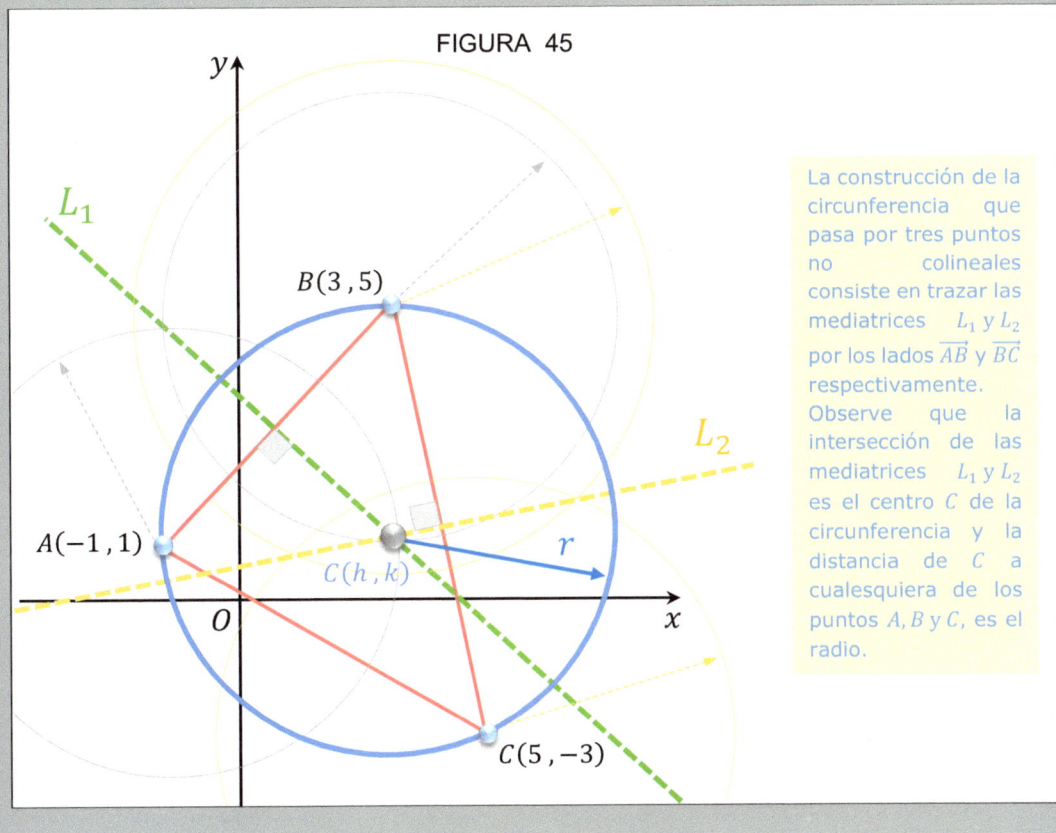

FIGURA 45

La construcción de la circunferencia que pasa por tres puntos no colineales consiste en trazar las mediatrices L_1 y L_2 por los lados $\overrightarrow{AB}$ y $\overrightarrow{BC}$ respectivamente. Observe que la intersección de las mediatrices L_1 y L_2 es el centro C de la circunferencia y la distancia de C a cualesquiera de los puntos A, B y C, es el radio.

TABLA 2

Sistema original	Sistema nuevo
$x = \overrightarrow{OM} = r\cos(\beta + \theta)$	$x' = \overrightarrow{OM'} = r\cos\theta$
$y = \overrightarrow{MP} = r\operatorname{sen}(\beta + \theta)$	$y' = \overrightarrow{M'P} = r\operatorname{sen}\theta$

9. DEBES SABER QUE, son las notas que siempre debe leer.

DEBES SABER QUE:
Amigo lector, hemos estudiado que la ecuación de la recta que pasa por los puntos $P(x_1, y_1)$ y $Q(x_2, y_2)$, representado en forma de un determinante, está dado por:

$$\begin{vmatrix} x & y & 1 \\ x_1 & y_1 & 1 \\ x_2 & y_2 & 1 \end{vmatrix} = 0.$$

10. Cada SECCIÓN del libro, contiene dos cuadernos de trabajo denominados **NOTEBOOKS I y II** de diferentes niveles. Contienen los EJERCICIOS Y PROBLEMAS DE APLICACIÓN **PROPUESTOS** sólo para triunfadores (porque usted será un triunfador cuando los resuelva y, se sentirá muy bien, super motivado, con ganas de seguir aprendiendo, ya lo verá).

NOTEBOOK I

NOTEBOOK II

11. Los **NOTEBOOKS** permiten una autoevaluación y práctica constante, en todo momento dirigido por el autor, a través de las indicaciones y sugerencias que encontrará en los ejercicios y Problemas de Aplicación Propuestos. El objetivo es que usted compruebe, interiorice y confirme los conocimientos adquiridos. ¡Disfrutará su aprendizaje! ¡Recuerde, al cerebro le gusta aprender con gozo y placer! Comprende dos partes: **Comunicación matemática** y luego, el **Modelamiento y resolución matemática**.

Comunicación matemática

38.- Indique si el enunciado es verdadero o falso. Justifique.

Enunciado	V o F	Justifique
Una circunferencia es el conjunto de todos los puntos en un plano equidistante (radio) de un punto fijo (centro).		Para justificar puede usar un ejemplo, contraejemplo, un gráfico, un esquema, un teorema, una fórmula, etc. que valide su respuesta.

La **Comunicación matemática** contiene preguntas teóricas en diversas modalidades: para marcar verdadero o falso, con su respectiva justificación; preguntas para responder en forma concisa; preguntas abiertas; crear un ejercicio según indicaciones; demostración de teoremas; a partir de un gráfico o datos reconstruir el enunciado y por último, se presenta el ejercicio y se le pide responder en forma verbal (solo texto) sin escribir alguna fórmula y sin desarrollarlo, permitiéndole manejar un lenguaje matemático (como aprender algún idioma extranjero).

Modelamiento y resolución matemática

40.- Ecuación de la circunferencia. Encuentre la ecuación de la circunferencia que pasa por los puntos $M(-1,2)$, $N(0,0)$ y $S(3,0)$. Además, señale el centro y radio.

1) Use la ecuación en su forma general: $x^2 + y^2 + Dx + Ey + F = 0$.
2) A continuación, cada punto pertenece a la circunferencia, eso quiere decir, que debe satisfacer la ecuación prescrita (dada).
3) Luego, formará 3 ecuaciones con 3 variables.
4) Finalmente, lleve los coeficientes D, E y F en la ecuación. Dele la forma estándar (ordinaria) para que halle el centro y radio.

RTA. $C = \left(\dfrac{3}{2}, 2\right)$ y $r = \dfrac{5}{2}$

El **Modelamiento y resolución matemática**, contiene los ejercicios y problemas de aplicación propuestos, dirigidos en todo momento por el autor. Con un espacio suficiente para poder resolver. Cuando la página tiene el color amarillo, es porque solo tendrá que resolver sin realizar algún gráfico. En color plomo, sí realizará un gráfico, que le ayude a entender mucho mejor el tema a tratar. Generando confianza, ganas de seguir aprendiendo la "temida" matemática. Al final de cada NOTEBOOK tenemos la miscelánea, que son ejercicios que combinan diversos tópicos de la sección (requieren mayor dominio matemático, que le ¡explotará el cerebro!).

Recuerde: Siempre documente su aprendizaje.

La Colección de Cálculo vectorial consiste de 34 libros.

La **Colección DEL COLEGIO A LA UNIVERSIDAD II**, comprende los siguientes capítulos distribuidos de forma estratégica en 34 libros, bien desarrollados y fácil de aprender:

- ✓ Capítulo 1: Geometría analítica plana
- ✓ Capítulo 2: Geometría analítica vectorial bidimensional
- ✓ Capítulo 3: Geometría analítica vectorial tridimensional
- ✓ Capítulo 4: Funciones vectoriales de variable real
- ✓ Capítulo 5: Funciones de varias variables.
- ✓ Capítulo 6: Integrales múltiples
- ✓ Capítulo 7: Integración en campos vectoriales.

¿Por qué adquirir la Colección DEL COLEGIO A LA UNIVERSIDAD II?

Porque en cada página de los 34 libros, he creado una metodología que usted siempre imaginó, una forma de aprender matemática con sentido, es decir, que inicie a partir de una situación **concreta** (de una historia tomada de la vida real) y poco a poco aterrizar en lo **abstracto**. Tener presente lo importante y necesario saber de matemáticas y, llevarlo en diferente intensidad a sus respectivas especialidades. De otro lado, le aconsejo pensar siempre en forma positiva, cuando inicie un **emprendimiento** (como el mío) y tenga que empezar de cero (como lo hizo este servidor) asuma **riesgos controlados**, pero sea altamente **disciplinado y perseverante**, porque vencer los obstáculos nos permitirá crecer, y de esa manera ayudar a los demás. ¡Sí se puede! ¡Recuerde, usted es responsable de sus sueños!

Gabriel Loa

AMIGO ESTUDIANTE

ESTIMADO DOCENTE

LIBRO 1
PARTE II

CONTENIDO

CAPÍTULO 1

Sección

GEOMETRÍA ANALÍTICA PLANA

1.1. Sistemas de coordenadas

2. Sistemas de coordenadas rectangulares.
3. Sistema coordenado lineal.
TEOREMA 1: Distancia entre dos puntos sobre un segmento de recta.
5. Sistema coordenado en el plano.
7. Notación del par ordenado.
10. Localización de pares ordenados.
TEOREMA 2: Distancia entre dos puntos dados en el plano bidimensional.
12. Coordenadas del punto medio de un segmento.
TEOREMA 3: División de un segmento en una razón dada.

Sección 1.2. Línea recta

16. Ángulo de inclinación de una recta.
17. Pendiente de una recta.
TEOREMA 4: Pendiente de una recta.
21. Tipos de pendiente.
22. Ecuaciones de la recta.
TEOREMA 5: Ecuación punto-pendiente.
TEOREMA 6: Ecuación pendiente-ordenada al origen.
TEOREMA 7: Ecuación de la recta con dos puntos.
28. Ecuación simétrica de la recta.
TEOREMA 8: Ecuación simétrica de la recta.
TEOREMA 9: Ecuación de una recta vertical y horizontal.
TEOREMA 10: Ecuación general de una recta.
TEOREMA 11: Ángulo entre dos rectas.
34. Rectas paralelas y perpendiculares.
39. Posiciones relativas de dos rectas coplanares.
40. Distancia de un punto a una recta dada.
42. Área de un triángulo.
TEOREMA 17: Ecuaciones de las bisectrices sobre dos rectas que se cortan.
48. Familia de líneas rectas en el plano.
53. Recta tangente y normal.
54. Posiciones relativas de puntos y rectas no verticales.

Sección 1.3. Ecuación de la circunferencia

59. Tipos de ecuaciones de la circunferencia.
TEOREMA 18: Ecuación en su forma estándar u ordinaria.
62. Ecuación de la circunferencia en su forma canónica.
64. Ecuación de la circunferencia en su forma general.

66. Determinación de una circunferencia sujeta a tres condiciones.
67. Familia de circunferencias.
TEOREMA 20: Ecuación de la familia de circunferencias.
70. Eje radical.

Sección 1.4. Transformación de coordenadas

73. Traslación de los ejes coordenados.
TEOREMA 21: Traslación de ejes.
75. Rotación de los ejes coordenados.
TEOREMA 22: Rotación de ejes.
TEOREMA 23: Traslación y rotación a la vez.

Sección 1.5. Secciones cónicas y Ecuación general de 2 grado

81. Parábola.
83. Ficha de elementos de la parábola.
84. Ecuaciones de la parábola.
TEOREMA 24: Ecuación estándar (canónica).
TEOREMA 26: Ecuación estándar de vértice (h,k) y eje paralelo al eje x.
87. Ecuación general de una parábola.
TEOREMA 29: Ecuación de la tangente a una parábola.

90. Elipse.
92. Ficha de elementos de la elipse.
93. Ecuaciones de la elipse.
TEOREMA 32: Ecuación de la elipse con centro en el origen y eje, el eje y.
96. Ecuación de la elipse de centro (h,k) y de eje focal paralelo al eje x.
TEOREMA 34: Ecuación de la elipse con centro (h,k) y eje focal paralelo al eje y.

TEOREMA 35: Ecuación general de la elipse.

100. Ecuación de la recta tangente a una elipse.

102. Hipérbola.

104. Ficha de elementos de la hipérbola.

105. Ecuaciones de la hipérbola.

TEOREMA 38: Ecuación de la hipérbola con centro en el origen y eje, el eje x.

109. Ecuación de la hipérbola de centro (h,k) y de eje focal paralelo al eje x.

113. Asíntotas de la hipérbola.

114. Ecuación general de la hipérbola.

116. Recta tangente a una hipérbola.

117. Ecuación general de segundo grado de dos variables.

118. Definición analítica de la cónica.

TEOREMA 44: Rotación de ejes para eliminar el término cruzado xy.

TEOREMA 45: Identificando las cónicas y cónicas degeneradas por el indicador (discriminante).

121. Invariante por rotación.

TEOREMA 46: Cónicas degeneradas.

123. Definición general de la cónica.

124. Definición foco-directriz de una cónica.

TEOREMA 48: Excentricidad de una cónica.

TEOREMA 49: Tangente a una cónica.

1.6. Sistema de coordenadas polares

134. Coordenadas polares.

135. Localización de puntos en coordenadas polares.

TEOREMA 50: Cambio de coordenadas polares a rectangulares y viceversa.

138. Trazado de curvas conocidas en coordenadas polares.

140. Ecuación de la recta en coordenadas polares.
143. Ecuación de la circunferencia en coordenadas polares.
146. Ecuación general de las cónicas en coordenadas polares.
148. Trazado de curvas especiales en coordenadas polares.
151. Trazado de curvas especiales en coordenadas polares con graficadora.
152. Cálculo en coordenadas polares.
TEOREMA 54: Pendiente en forma polar.
155. Área de una región polar.
157. Área de la región entre dos curvas polares.
158. Longitud de arco en forma polar.
TEOREMA 57: Área de una superficie de revolución en forma polar.

Sección 1.7. Ecuaciones paramétricas

162. Definición de curva plana.
163. Eliminación del parámetro.
166. Cálculo con curvas paramétricas.
167. Pendiente de la recta tangente.
169. Derivadas de orden superior-forma paramétrica.
170. Área.
TEOREMA 59: La longitud de una curva definida en forma paramétrica.
173. Longitud de una curva en forma explícita $y = f(x)$.
174. La diferencial de longitud de arco.
TEOREMA 60: Celeridad de una curva paramétrica.
177. Área de una superficie de revolución.

CAPÍTULO 2

GEOMETRÍA ANALÍTICA VECTORIAL BIDIMENSIONAL

Sección

2.1. Vectores en el plano

181. Elementos de un vector.
182. Segmentos dirigidos.
188. Vector de posición.
TEOREMA 62: Propiedades de las operaciones con vectores.
193. Magnitud (norma) y dirección de un vector.
TEOREMA 63: Vector unitario en la dirección de un vector **a**.
196. Vectores unitarios, canónicos o base estándar.
197. Determinación de los componentes de un vector.
198. Posiciones relativas y propiedades de los vectores.
202. Modelamiento vectorial aplicado en física.

Notebook I
Notebook II

CAPÍTULO 1

Geometría analítica plana

PREVIO AL CÁLCULO DE VARIAS VARIABLES

CONTENIDO:

- 1.1. Sistemas de coordenadas
- 1.2. Línea recta
- 1.3. Ecuación de la circunferencia
- 1.4. Transformación de coordenadas
- 1.5. Secciones cónicas. Ecuación general de segundo grado de dos variables
- 1.6. Sistema de coordenadas polares
- 1.7. Ecuaciones paramétricas
- 2.1. Vectores en el plano

LIBRO 1

Parte II

1.3. Ecuación de la circunferencia

1.4. Transformación de coordenadas

Gabriel Loa

MOTIVACIÓN Y COMPETENCIA

Geometría analítica plana

Amigo lector, sabemos que la geometría analítica relaciona números y formas, a partir de un sistema de coordenadas. La fuerza gravitacional que el Sol ejerce sobre el planeta depende únicamente de la distancia de éste al Sol y se describe mediante las coordenadas polares. Las trayectorias de los satélites se pueden describir como gráficas polares, las cuales pueden cruzarse sin causar colisiones. Se puede preparar los alimentos con una cocina solar de forma parabólica, que permite concentrar los haces del sol reflejado sobre su superficie en un punto, que es suficiente para hacer hervir agua y cocinar. Finalmente, la última imagen muestra las curvas de Bézier (en homenaje al francés Pierre Bézier, 1910-1999), las cuales son curvas paramétricas que se utilizan ampliamente en el campo de la computación gráfica: CAD, Adobe illustrator y Corel draw, etc. y las utilizó para crear los diseños icónicos de los automóviles Peugeot y Renault.

Competencia

Al término de este capítulo, el estudiante será capaz de plantear, interpretar y resolver algoritmos, desarrollar estrategias heurísticas, elaborar modelos matemáticos, utilizando para ello los conceptos y fundamentos de Ecuación de la circunferencia y Transformación de coordenadas de forma ordenada y rigurosa en problemas que les permitirá tomar decisiones, mostrando capacidad de trabajo en equipo, perseverancia y confianza al desarrollar situaciones problemáticas de contexto real.

Contenido general

1.3. Ecuación de la circunferencia
59. Tipos de ecuaciones de la circunferencia.
TEOREMA 18: Ecuación en su forma estándar u ordinaria.
62. Ecuación de la circunferencia en su forma canónica.
64. Ecuación de la circunferencia en su forma general.
66. Determinación de una circunferencia sujeta a tres condiciones.
67. Familia de circunferencias.
TEOREMA 20: Ecuación de la familia de circunferencias.

1.4. Transformación de coordenadas
73. Traslación de los ejes coordenados.
TEOREMA 21: Traslación de ejes.
75. Rotación de los ejes coordenados.
TEOREMA 22: Rotación de ejes.
TEOREMA 23: Traslación y rotación a la vez.

1.3. Ecuación de la circunferencia

57. Introducción:
Amigo lector, la forma de una circunferencia se emplea para diseñar hermosas obras arquitectónicas, como La Monumental de Frascuelo (Granada-España), una plaza de toros inaugurado en 1928, construido por el arquitecto Casas, consta de tres pisos: tendido general, gradas y andanadas. El diámetro del ruedo es de 50 metros y con aforo para más de 14 000 espectadores (1). Tras su inauguración en el año 2000, la sorprendente noria (atracción de feria conocida también como rueda de la fortuna) tiene un diámetro de 120 metros y es conocida como The London Eye (El Ojo de Londres) se ha convertido en uno de los iconos más emblemáticos de la ciudad y de toda Gran Bretaña (2). Diseñada por C.Y. Lee

quien quiso fusionar la idea de una antigua moneda china con un edificio de oficinas contemporáneo. Construida en la ciudad de Shenyang, provincia de Liaoning (3). La Catedral de Cádiz es la sede episcopal de la diócesis de Cádiz en España. Es un edificio de estilo barroco y neoclásico. Se empezó a construir en 1722 dentro de su arquitectura destaca un elemento muy importante, se le conoce como el órgano, que presenta circunferencias concéntricas (4).

58. Definición:
Es el lugar geométrico (el lugar geométrico consiste en encontrar la ecuación que relaciona las dos coordenadas cartesianas x y y, de un conjunto de puntos $P(x,y)$ que cumplan con determinadas condiciones geométricas, a dicha ecuación se denomina, ecuación del lugar geométrico) de un punto que se mueve en un plano de tal manera que se conserva siempre a una distancia constante de un punto fijo de ese plano. El punto fijo se llama centro de la circunferencia y la distancia constante radio. Es decir, es el lugar geométrico de los puntos $P(x,y)$ del plano que se encuentran a una distancia r (radio) del punto $C(h,k)$ llamado centro.

59. Tipos de ecuaciones de la circunferencia:
En la sección precedente hemos terminado el estudio de la línea recta desde el punto de vista escalar, pero en el siguiente capítulo, lo haremos vectorialmente. A continuación, presentaremos una serie de tipos de ecuaciones de la circunferencia con diferentes características y deduciremos sus propiedades.

60. Ecuación de la circunferencia en su forma ordinaria: Llamada también ecuación de la circunferencia en la forma de centro-radio, o reducida. Es aquella ecuación de una curva que nos permite obtener más rápida y directamente sus características geométricas fundamentales, como son el centro y su radio.

TEOREMA 18: Ecuación en su forma estándar u ordinaria. La circunferencia cuyo centro es el punto (h,k) y radio constante $r > 0$, tiene como ecuación la siguiente expresión:

$$r^2 = (x-h)^2 + (y-k)^2.$$

61. Demostración: En la figura 44, $P(x,y)$ es un punto cualesquiera de la circunferencia de centro $C(h,k)$ y radio r. De acuerdo a la definición, P debe satisfacer la condición geométrica de que el radio es la longitud de la distancia entre los puntos $C(h,k)$ y $P(x,y)$, así: $|\overrightarrow{CP}| = r$. Para ello, aplicaremos la fórmula de distancia entre puntos coordenados (teorema 2).

$$d = \sqrt{(x_2 - x_1)^2 + (y_2 - y_1)^2}$$

$$d(C,P) = |\overrightarrow{CP}| = \sqrt{(x-h)^2 + (y-k)^2}$$

pero sabemos que:

$$d(C,P) = |\overrightarrow{CP}| = r.$$

Por tanto, obtenemos la ecuación de la circunferencia, como sigue:

$$r = \sqrt{(x-h)^2 + (y-k)^2} \leftrightarrow r^2 = (x-h)^2 + (y-k)^2.$$

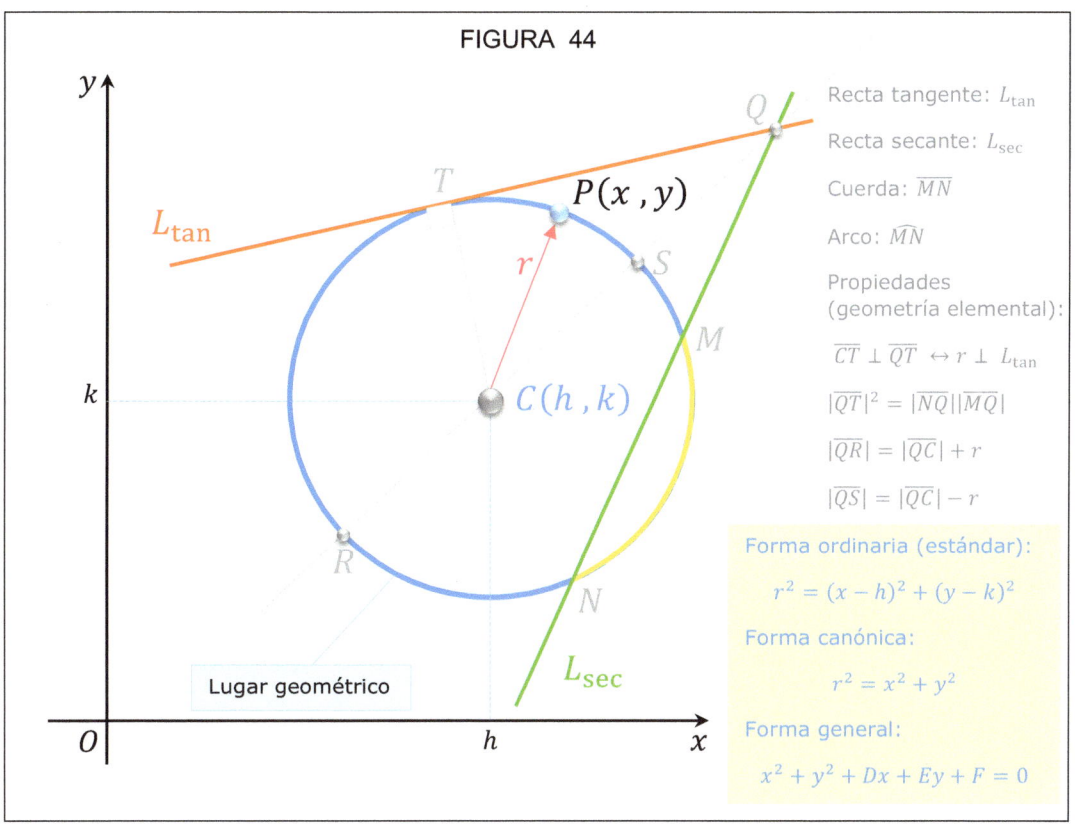

FIGURA 44

62. Ecuación de la circunferencia en su forma canónica: Cuando la circunferencia tiene su centro en el origen de coordenadas o sea $h = 0$ y $k = 0$, sustituimos en la ecuación del teorema 18, originamos una ecuación conocida como ecuación de la circunferencia en la forma canónica, se trata del tipo más simple de ecuación ordinaria, $r^2 = x^2 + y^2$.

63. Corolario: La circunferencia de centro en el origen $C(0,0)$ y radio r tiene por ecuación:

$$\boxed{r^2 = x^2 + y^2.}$$

Ejercicio 42:

Ecuación de la circunferencia. Halle la ecuación de la circunferencia que pasa por el punto $(0,0)$ de radio $r = 13$, sabiendo que la abscisa de su centro es -12.

Pasos:

1. En este ejemplo usamos la ecuación en la forma canónica $r^2 = x^2 + y^2$, donde la abscisa de su centro es $h = -12$ y $r = 13$.

2. A continuación, con el centro de la circunderencia $C(-12, 13)$ podemos obtener k, así:

$$r^2 = x^2 + y^2 \quad \to r^2 = h^2 + k^2 \to (13)^2 = (-12)^2 + k^2 \quad \therefore k = \pm 5.$$

3. Luego, la ecuación de la forma centro-radio, sería:

$$(x - h)^2 + (y - k)^2 = r^2 \quad \to [x - (-12)]^2 + (y \pm 5)^2 = (13)^2.$$

4. Finalmente, se obtienen las ecuaciones de la circunferencia:

$$\text{Con } k = 5: \quad (x + 12)^2 + (y - 5)^2 = 169$$

$$\text{Con } k = -5: \quad (x + 12)^2 + (y + 5)^2 = 169.$$

Ejercicio 43:

Ecuación de la circunferencia. Determine la ecuación de la circunferencia circunscrita al triángulo cuyos vértices son los siguientes: $A(-1, 1), B(3, 5)$ y $C(5, -3)$.

Pasos:

1. La figura 45 muestra el gráfico de la circunferencia con tres puntos no colineales.

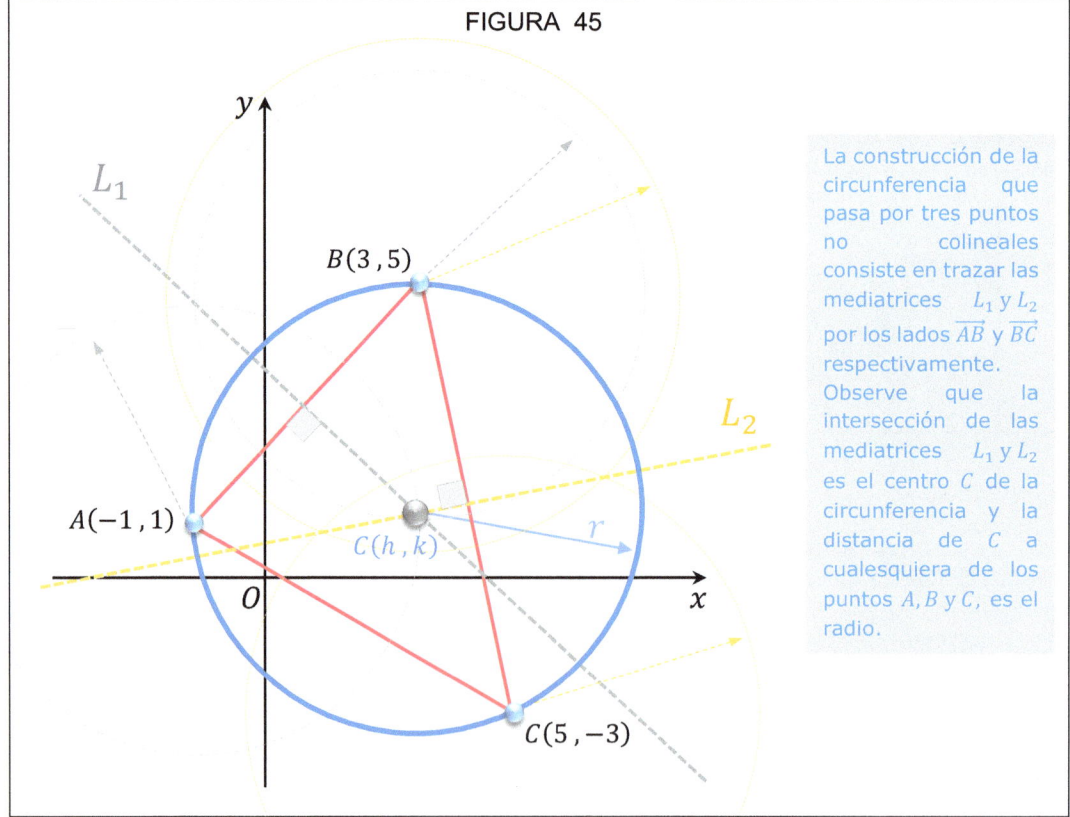

FIGURA 45

La construcción de la circunferencia que pasa por tres puntos no colineales consiste en trazar las mediatrices L_1 y L_2 por los lados $\overline{AB}$ y $\overline{BC}$ respectivamente. Observe que la intersección de las mediatrices L_1 y L_2 es el centro C de la circunferencia y la distancia de C a cualesquiera de los puntos A, B y C, es el radio.

2. Para obtener el centro $C(h,k)$ de la circunferencia, debemos hallar la intersección de las mediatrices L_1 y L_2. Empecemos obteniendo la pendiente del lado $\overrightarrow{AB}$, cuyos extremos son $A(-1,1)$ y $B(3,5)$, luego, la pendiente de la mediatriz L_1 y, por último, su ecuación, así:

$$m_{\overrightarrow{AB}} = \frac{5-1}{3-(-1)} \to m_{\overrightarrow{AB}} = 1, \quad \text{como } m_{\overrightarrow{AB}} \, m_{L_1} = -1 \quad \therefore m_{L_1} = -1.$$

Por el teorema 5 (ecuación punto-pendiente de una recta) y tomando como punto de paso $(1,3)$, que es el punto medio de $\overrightarrow{AB}$, obtenemos:

$$y - y_1 = m(x - x_1) \to y - 3 = -1(x - 1) \leftrightarrow x + y - 4 = 0.$$

3. Luego, haciendo un procedimiento similar obtenemos la ecuación de la mediatriz L_2, que pasa por el lado $\overrightarrow{BC}$, cuyos extremos son $B(3,5)$ y $C(5,-3)$, veamos:

$$m_{\overrightarrow{BC}} = \frac{-3-5}{5-3} \to m_{\overrightarrow{BC}} = -4, \quad \text{como } m_{\overrightarrow{BC}} \, m_{L_2} = -1 \quad \therefore m_{L_2} = \frac{1}{4}.$$

Por el teorema 5 (ecuación punto-pendiente de una recta) y tomando como punto de paso $(4,1)$, que es el punto medio de $\overrightarrow{BC}$, obtenemos:

$$y - y_1 = m(x - x_1) \to y - 1 = \frac{1}{4}(x - 4) \leftrightarrow x - 4y = 0.$$

4. A continuación, resolvemos las ecuaciones de las mediatrices, obteniendo $C(h,k)$, así:

$$x + y - 4 = 0 \text{ y } x - 4y = 0 \to x = \frac{16}{5} \text{ y } y = \frac{4}{5} \quad \therefore C(h,k) = C\left(\frac{16}{5}, \frac{4}{5}\right).$$

5. Ahora, por el teorema de 2 (distancia entre dos puntos del plano), hallamos el radio r, como la distancia del centro $C(16/5, 4/5)$ a cualquiera de los vértices del triángulo, por ejemplo $A(-1,1)$, resultando:

$$r = |\overline{CA}| = \sqrt{\left[\frac{16}{5} - (-1)\right]^2 + \left(\frac{4}{5} - 1\right)^2} \to r = \sqrt{\frac{442}{25}}.$$

6. Finalmente, con el centro y el radio, escribimos la ecuación de la circunferencia en la forma ordinaria (teorema 18):

$$r^2 = (x-h)^2 + (y-k)^2 \to \left(\sqrt{\frac{442}{25}}\right)^2 = \left(x - \frac{16}{5}\right)^2 + \left(y - \frac{4}{5}\right)^2 \quad \therefore \left(x - \frac{16}{5}\right)^2 + \left(y - \frac{4}{5}\right)^2 = \frac{442}{25}.$$

DEBES SABER QUE:
Amigo lector, le sugiero que, a modo de comprobación, sustituya los vértices del triángulo en la ecuación de la circunferencia encontrada (porque los vértices pertenecen a la circunferencia). ¿Qué sucede si el radio r, es igual a la longitud de las coordenadas del centro $C(h,k)$? Es decir, si $r = |h|, r = |k|$ o $r = |h| = |k|$, entonces la circunferencia sería tangente al eje x, al eje y y a los ejes coordenados respectivamente. ¡Averígualo!

64. Ecuación de la circunferencia en su forma general: Vamos a estudiar la ecuación más completa de la circunferencia, se le conoce como ecuación general. Para obtenerla debemos desarrollar los binomios al cuadrado de la ecuación de la circunferencia en su forma reducida u ordinaria.

TEOREMA 19: Ecuación en su forma general. La ecuación $x^2 + y^2 + Dx + Ey + F = 0$ representa una circunferencia de radio diferente de cero cuando $D^2 + E^2 - 4F > 0$, siendo las coordenadas de su centro $(h, k) = (-D/2, -E/2)$ y radio $0{,}5\sqrt{D^2 + E^2 - 4F}$.

$$x^2 + y^2 + Dx + Ey + F = 0.$$

65. Demostración: Desarrollamos la ecuación del teorema 18, como sigue:

$$r^2 = (x-h)^2 + (y-k)^2 \;\rightarrow\; x^2 + y^2 - 2hx - 2ky + (h^2 + k^2 - r^2) = 0$$

ahora hacemos un cambio de coeficientes, así:

$$D = -2h, E = -2k \text{ y } F = h^2 + k^2 - r^2$$

a continuación, lo sustituimos en la expresión: $x^2 + y^2 - 2hx - 2ky + (h^2 + k^2 - r^2) = 0$

$$x^2 + y^2 + Dx + Ey + F = 0.$$

Cabe hacerse una pregunta, ¿la ecuación general solo representa una circunferencia? Para responder, hacemos el proceso inverso, es decir, partiendo de la ecuación general lo llevaremos a la forma de la ecuación ordinaria de la circunferencia, para ello, acomodamos la expresión, como se ve:

$$x^2 + y^2 + Dx + Ey = -F$$

luego, completamos el cuadrado, sumando en ambos miembros el término: $\dfrac{D^2}{4} + \dfrac{E^2}{4}$

$$\left(\frac{D^2}{4} + \frac{E^2}{4}\right) + x^2 + y^2 + Dx + Ey = -F + \left(\frac{D^2}{4} + \frac{E^2}{4}\right)$$

acomodamos los términos, para formar el binomio al cuadrado:

$$\left(x^2 + Dx + \frac{D^2}{4}\right) + \left(y^2 + Ey + \frac{E^2}{4}\right) = \frac{D^2 + E^2 - 4F}{4}$$

obteniendo:

$$\left(x + \frac{D}{2}\right)^2 + \left(y + \frac{E}{2}\right)^2 = \frac{D^2 + E^2 - 4F}{4}$$

ahora lo comparamos con:

$$(x-h)^2 + (y-k)^2 = r^2.$$

La respuesta a la pregunta dada líneas arriba: dependerá del valor del miembro derecho, que represente o no la ecuación de una circunferencia. A continuación, vamos analizar tres casos, que debemos considerar:

a) Si $D^2 + E^2 - 4F > 0,$ la ecuación representa una circunferencia de centro en el punto $C(-D/2, -E/2)$, y radio igual a:

$$r^2 = \frac{D^2 + E^2 - 4F}{4} \quad \to r = \frac{1}{2}\sqrt{D^2 + E^2 - 4F}.$$

b) Si $D^2 + E^2 - 4F = 0,$ la ecuación representa un solo punto, de coordenadas $\left(-\frac{D}{2}, -\frac{E}{2}\right)$.

c) Si $D^2 + E^2 - 4F < 0,$ la ecuación representa una circunferencia imaginaria, no representa en este caso, un lugar geométrico real.

En conclusión, solo consideraremos el caso a), para representar la ecuación de una circunferencia de radio diferente de cero.

Ejercicio 44:
Ecuación de la circunferencia. Halle la ecuación ordinaria y general de una circunferencia con centro en $(2, -1)$ y radio 6.

Pasos:
1. Empleamos la ecuación en la forma ordinaria, sabiendo que: $h = 2$, $k = -1$ y $r = 6$.

$$r^2 = (x - h)^2 + (y - k)^2 \to 6^2 = (x - 2)^2 + (y - -1)^2 \quad \therefore (x - 2)^2 + (y + 1)^2 = 36.$$

2. Luego, desarrollamos el binomio al cuadrado para obtener la ecuación en su forma general, $(x - 2)^2 + (y + 1)^2 = 36 \to x^2 + y^2 - 4x + 2y - 31 = 0.$

3. Finalmente, la ecuación general es $x^2 + y^2 - 4x + 2y - 31 = 0.$

Ejercicio 45:
Determinación del centro y radio de la circunferencia. Halle las coordenadas del centro y el radio, si se conoce la ecuación general de la circunferencia $x^2 + y^2 + 4x - 6y - 7 = 0.$

Pasos:
1. La sugerencia en este tipo de ecuación es usar el método conocido como completar el cuadrado (revise el libro de Precálculo). Lo ordenamos por variables, las x en el lado izquierdo y las y en la derecha, enciérrelo entre paréntesis, luego, complete la mitad del coeficiente lineal $4x$ y $6y$ al cuadrado 2^2 y 3^2, a continuación, sume y reste, veamos:

Se suma y resta 4, para que no afecte la expresión.

$$(x^2 + 4x + 4 - 4) + (y^2 - 6y + 9 - 9) - 7 = 0$$

La mitad es 2, al cuadrado 4.

2. Luego, con los tres primeros términos formamos el binomio al cuadrado, los términos constantes restantes se suman, y se llevan al miembro derecho, así:

$$[(x + 2)^2 - 4] + [(y - 3)^2 - 9] - 7 = 0 \to (x + 2)^2 + (y - 3)^2 = 20.$$

3. A continuación, la ecuación general se llevó a su forma ordinaria, que nos permite obtener el centro y el radio de la circunferencia. Para conocer el centro $C(h, k)$ hacemos lo siguiente:

$x + 2 = 0 \rightarrow x = -2$ y $y - 3 = 0 \rightarrow y = 3$ entonces el centro es $C(-2,3)$, y el radio se obtiene extrayendo la raíz y elevando al cuadrado (debe aparecer el exponente 2), así, $r = \sqrt{20}$.

4. Finalmente, tenemos las coordenadas $C(-2,3)$ y $r = \sqrt{20}$.

Ejercicio 46:
Recta tangente a una circunferencia. Determine la ecuación de la recta tangente a una circunferencia en el punto $(6,5)$. Trace la circunferencia y la recta tangente, siendo la ecuación $x^2 + y^2 - 6x - 2y - 15 = 0$.

Pasos:
1. Se procede similarmente al ejemplo 45. Llevamos la ecuación general a la ecuación de la forma centro-radio, con el método completando el cuadrado, para hallar el centro y el radio.

$$x^2 + y^2 - 6x - 2y - 15 = 0 \rightarrow (x^2 - 6x) + (y^2 - 2y) - 15 = 0 \rightarrow (x-3)^2 + (y-1)^2 = (5)^2.$$

2. El centro es $C(3,1)$ y el radio es $r = 5$.

3. Luego, procedemos hacer la gráfica que nos permite ubicar la recta tangente $L_{\tan}$, la cual se muestra en la figura 46.

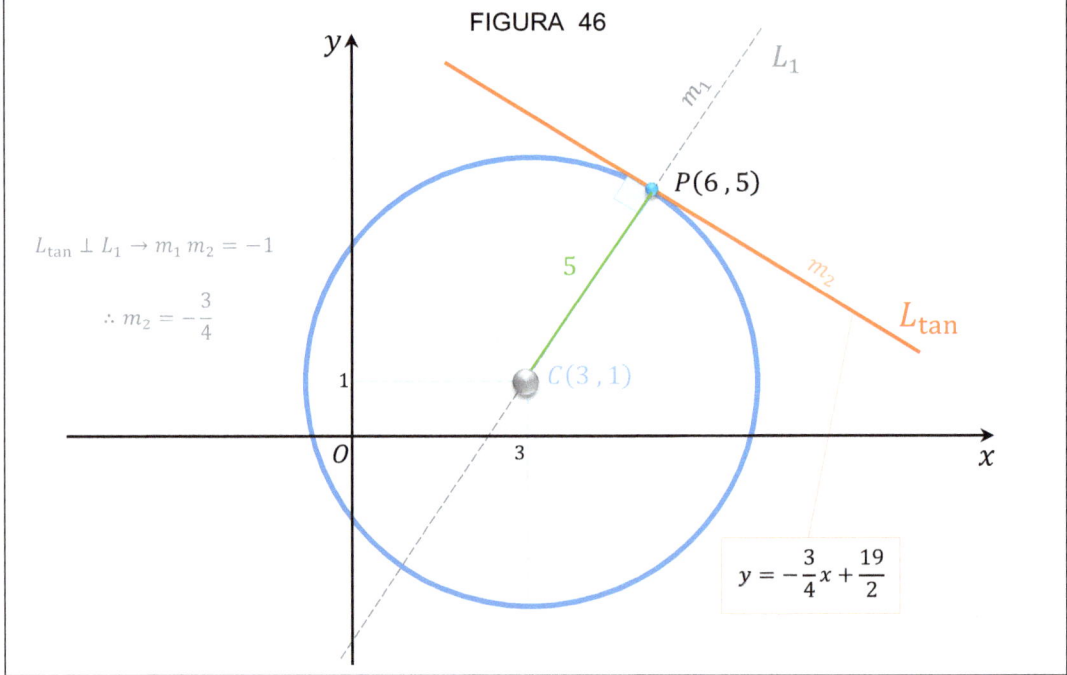

FIGURA 46

4. A continuación, para obtener la ecuación de la recta tangente, calculamos la pendiente m_1 de la recta L_1 que pasa por $C(3,1)$ y $P(6,5)$. así:

$$m_1 = \frac{5-1}{6-3} \rightarrow m_1 = \frac{4}{3}.$$

5. Ahora, hallamos la pendiente de la recta tangente m_2 por el teorema 13, así:

$$L_{\tan} \perp L_1 \rightarrow m_1 m_2 = -1 \quad \therefore m_2 = -3/4.$$

6. Finalmente, con la ecuación punto-pendiente, la ecuación de la recta tangente es:

$$y - 5 = -\frac{3}{4}(x - 6) \quad \rightarrow 3x + 4y - 38 = 0.$$

Ejercicio 47:
Determinación del término constante en la ecuación de la circunferencia. Obtenga el valor de t para que la ecuación $x^2 + y^2 - 8x + 10y + t = 0$, represente una circunferencia de radio 7.

Pasos:
1. El teorema 19 (ecuación en su forma general) nos permite hacer un análisis acerca de la ecuación general de la circunferencia, de la cual se obtuvo una serie de variables que nos permiten definir, si es o no la ecuación de una circunferencia. Al sustituir en la fórmula del radio se puede obtener t, de la siguiente manera:

$$r = \frac{1}{2}\sqrt{D^2 + E^2 - 4F} \leftrightarrow r^2 = \frac{D^2 + E^2 - 4F}{4}.$$

2. Luego, identifiquemos los coeficientes: $D = -8, E = 10$ y $F = t$.

3. Finalmente, sustituimos con el radio $r = 7$, obteniendo:

$$r^2 = \frac{D^2 + E^2 - 4F}{4} \quad \rightarrow 7^2 = \frac{(-8)^2 + (10)^2 - 4t}{4} \quad \therefore t = -8.$$

66. Determinación de una circunferencia sujeta a tres condiciones: Se trata de otro método para hallar la ecuación de una circunferencia. En la ecuación ordinaria (forma centro-radio), $(x - h)^2 + (y - k)^2 = r^2$, hay tres constantes arbitrarias independientes h, k y r. De forma similar en la ecuación general, $x^2 + y^2 + Dx + Ey + F = 0$, existen tres constantes arbitrarias independientes D, E y F. Sabemos que la ecuación de la circunferencia se puede obtener por estas ecuaciones, por tanto, cualquier circunferencia particular se puede escribir determinando los valores de las tres constantes, llamadas **condiciones independientes.** Para ello, requiere tres ecuaciones independientes que involucre a dichas constantes. Veamos a continuación, el ejercicio 48.

Ejercicio 48:
Ecuación de una circunferencia. Determine la ecuación, centro y radio de la circunferencia que pasa por los tres puntos dados $A(-1, 1)$, $B(3, 5)$ y $C(5, -3)$.

Pasos:
1. Se escribe la ecuación general de la circunferencia, $x^2 + y^2 + Dx + Ey + F = 0$, el objetivo es hallar las constantes independientes: D, E y F.

2. Luego, como los tres puntos pertenecen a la circunferencia C, sus coordenadas deben satisfacer la ecuación, es decir, se pueden reemplazar, así:

$A(-1, 1) \in C:\ (-1)^2 + (1)^2 + D(-1) + E(1) + F = 0 \rightarrow\ D - E - F = 2$

$B(3, 5) \in C:\ (3)^2 + (5)^2 + D(3) + E(5) + F = 0 \rightarrow\ 3D + 5E + F = -34$

$C(5, -3) \in C:\ (5)^2 + (-3)^2 + D(5) + E(-3) + F = 0 \rightarrow\ 5D - 3E + F = -34.$

Constantes arbitrarias independientes D, E y F.

3. Ahora, se resuelve el sistema de tres ecuaciones con tres incógnitas, por diversos métodos (revise el libro de Precálculo), obteniendo:

$$D = -\frac{32}{5}, E = -\frac{8}{5} \text{ y } F = -\frac{34}{5}.$$

4. A continuación, se sustituye en la ecuación general, resultando:

$$x^2 + y^2 + Dx + Ey + F = 0 \rightarrow x^2 + y^2 - \frac{32}{5}x - \frac{8}{5}y - \frac{34}{5} = 0 \rightarrow 5x^2 + 5y^2 - 32x - 8y - 34 = 0.$$

5. Enseguida, para hallar el centro y el radio se puede hacer como en los ejemplos anteriores, me refiero transformando la ecuación general a la ecuación centro-radio. Esta vez usaremos otras relaciones, al final usted elegirá, el que más le acomode. Solo con el afán de comprobar los cálculos, verifiquemos que se trata de la ecuación de una circunferencia, así:

$$\text{Si } D^2 + E^2 - 4F > 0 \quad \rightarrow \left(-\frac{32}{5}\right)^2 + \left(-\frac{8}{5}\right)^2 - 4\left(-\frac{34}{5}\right) = \frac{1\,768}{25} > 0,$$

se trata de la ecuación de una circunferencia. El centro de la circunferencia es el punto:

$$\left(-\frac{D}{2}, -\frac{E}{2}\right) = \left(-\frac{-32/5}{2}, -\frac{-8/5}{2}\right) = \left(\frac{16}{5}, \frac{4}{5}\right),$$

$$r = \frac{1}{2}\sqrt{D^2 + E^2 - 4F} \rightarrow r = \frac{1}{2}\sqrt{\left(-\frac{32}{5}\right)^2 + \left(-\frac{8}{5}\right)^2 - 4\left(-\frac{34}{5}\right)} \quad \therefore r = \frac{1}{5}\sqrt{442}.$$

6. Finalmente, la ecuación, centro y radio de la circunferencia son respectivamente:

$$5x^2 + 5y^2 - 32x - 8y - 34 = 0; \quad \left(\frac{16}{5}, \frac{4}{5}\right) \text{ y } \frac{1}{5}\sqrt{442}.$$

Amigo lector, resuelva el ejemplo usando la ecuación centro-radio y siga el procedimiento aprendido. ¡Vamos sí se puede!

DEBES SABER QUE:

Amigo lector, hemos estudiado que la ecuación de la recta que pasa por los puntos $P(x_1, y_1)$ y $Q(x_2, y_2)$, representado en forma de un determinante, está dado por:

$$\begin{vmatrix} x & y & 1 \\ x_1 & y_1 & 1 \\ x_2 & y_2 & 1 \end{vmatrix} = 0.$$

Por un argumento semejante, podemos obtener la ecuación de la circunferencia que pasa por tres puntos dados, no colineales $P(x_1, y_1), Q(x_2, y_2)$ y $R(x_3, y_3)$, en forma de determinante, así:

Punto genérico (x, y)

$$\begin{vmatrix} x^2 + y^2 & x & y & 1 \\ x_1^2 + y_1^2 & x_1 & y_1 & 1 \\ x_2^2 + y_2^2 & x_2 & y_2 & 1 \\ x_3^2 + y_3^2 & x_3 & y_3 & 1 \end{vmatrix} = 0.$$

Este determinante también es útil para saber si cuatro puntos están o no sobre la circunferencia, a tales puntos se le denomina **concíclicos.**

La demostración queda carga del estudiante.

67. Familia de circunferencias: Es similar a la familia de rectas, habíamos demostrado en el artículo anterior, que una circunferencia y su ecuación se determinan cada una por tres condiciones independientes (son las tres constantes arbitrarias independientes h, k y r de la ecuación ordinaria o D, E y F de la ecuación general). La ecuación que solamente satisface dos condiciones, permite que la tercera (constante llamada parámetro) pueda elegirse arbitrariamente. En consecuencia, tendremos una ecuación donde aparece la constante arbitraria, es decir, la familia de un parámetro (que debemos hallar).

Ejemplo ilustrativo 14:
Ecuación de la familia de circunferencias. Escribe la ecuación de la familia de todas las circunferencias concéntricas cuyo centro común es el punto $(3, 5)$.
Usando la ecuación centro-radio tenemos, $(x-3)^2 + (y-5)^2 = k^2$, donde el parámetro es k y es cualquier número positivo. Dando diversos valores a k obtenemos la ecuación de la familia de circunferencias.

68. Familia de circunferencias que pasan por la intersección de dos circunferencias dadas: Si la familia de curvas C_F que pasan por la intersección de dos circunferencias (con este procedimiento no es necesario hallar las coordenadas de los puntos de intersección) C_1 y C_2, entonces se obtiene la ecuación de la familia de circunferencias ($k \in \mathbb{R}$).

$$C_1: x^2 + y^2 + D_1 x + E_1 y + F_1 = 0 \quad y \quad C_2: x^2 + y^2 + D_2 x + E_2 y + F_2 = 0$$

$$C_F: C_1 + kC_2 = 0 \leftrightarrow x^2 + y^2 + D_1 x + E_1 y + F_1 + k(x^2 + y^2 + D_2 x + E_2 y + F_2) = 0.$$

69. Naturaleza de las curvas: Para conocer la naturaleza de las curvas de esta familia, reescribimos C_F agrupando términos comunes, como sigue:

$$(k+1)x^2 + (k+1)y^2 + (D_1 + kD_2)x + (E_1 + kE_2)y + F_1 + kF_2 = 0.$$

Cuando $k = 0$: la ecuación se reduce a C_1. Si $k = -1$: la ecuación se reduce a una lineal (sería una línea recta), pero, para $k \neq -1$: la ecuación representa una circunferencia. Si dividimos por $(k+1)$, obtenemos:

$$x^2 + y^2 + \left(\frac{D_1 + kD_2}{k+1}\right)x + \left(\frac{E_1 + kE_2}{k+1}\right)y + \frac{F_1 + kF_2}{k+1} = 0.$$

Las coordenadas del centro de cualquier circunferencia, son: $\left(-\frac{D}{2}, -\frac{E}{2}\right)$.

TEOREMA 20: Ecuación de la familia de circunferencias. Si las ecuaciones de dos circunferencias dadas cualesquiera C_1 y C_2, son:

$$C_1: x^2 + y^2 + D_1 x + E_1 y + F_1 = 0 \quad y \quad C_2: x^2 + y^2 + D_2 x + E_2 y + F_2 = 0$$

entonces la siguiente ecuación representa una familia de circunferencias C_F, donde todas tienen sus centros en la recta que pasa por los centros de C_1 y C_2, y el parámetro k puede tomar todos los valores reales, veamos:

$$\boxed{C_F: x^2 + y^2 + D_1 x + E_1 y + F_1 + k(x^2 + y^2 + D_2 x + E_2 y + F_2) = 0.}$$

Más que desarrollar la demostración (que es similar a la ecuación de la familia de rectas), analizaremos las implicancias del teorema en el ejercicio 49.

Ejercicio 49:

Determinación de la ecuación de la circunferencia. Las ecuaciones de dos circunferencias son:

$$C_1: x^2 + y^2 - 8x - 4y + 11 = 0 \quad \text{y} \quad C_2: x^2 + y^2 - 4x + 4y - 8 = 0.$$

Determine la ecuación de la circunferencia C_3 que pasa por las intersecciones de C_1 y C_2 y tiene su centro sobre la recta, $L: 2x + y - 14 = 0$.

Pasos:
1. La figura 47 muestra las circunferencias y la recta dada.

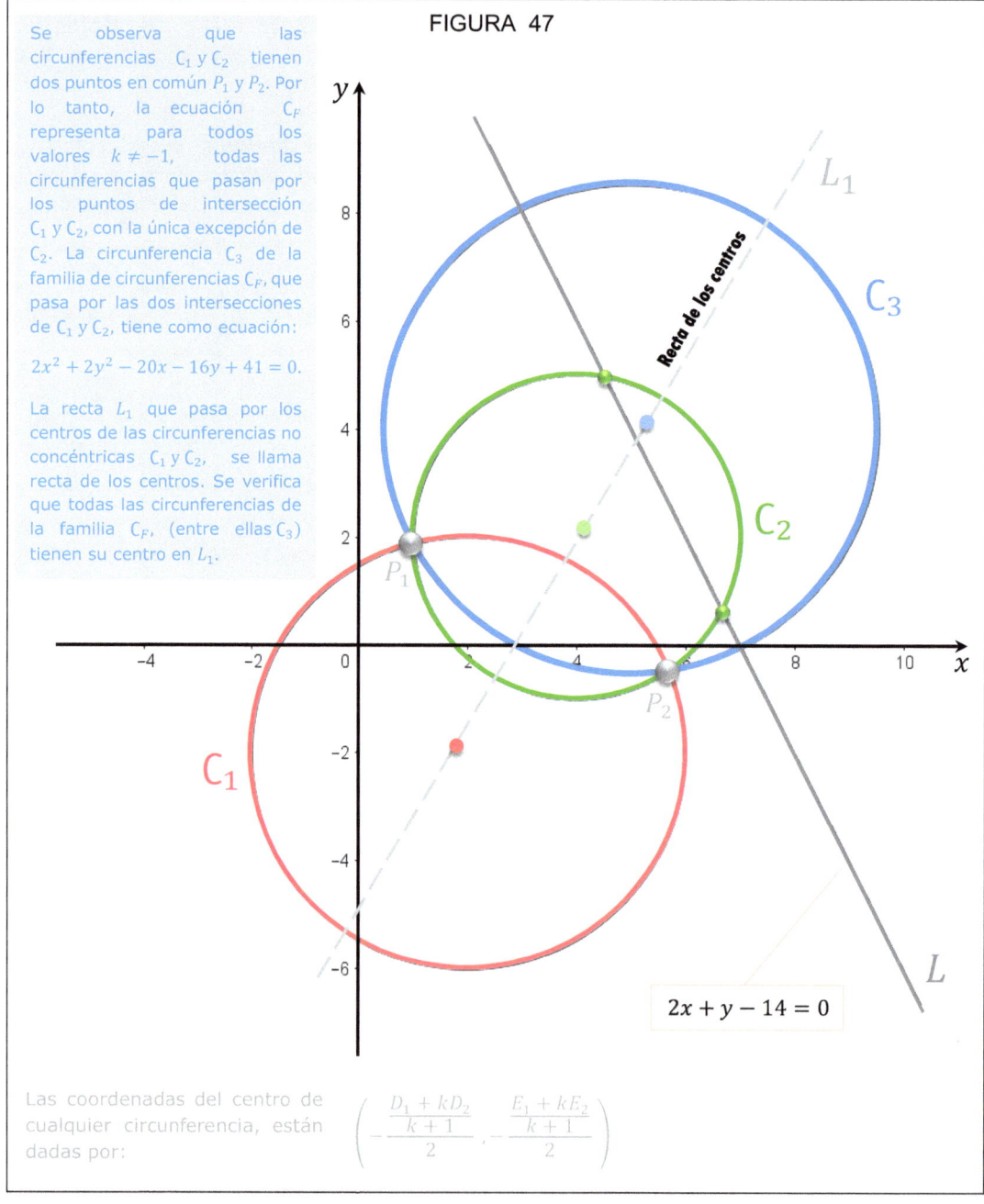

FIGURA 47

Se observa que las circunferencias C_1 y C_2 tienen dos puntos en común P_1 y P_2. Por lo tanto, la ecuación C_F representa para todos los valores $k \neq -1$, todas las circunferencias que pasan por los puntos de intersección C_1 y C_2, con la única excepción de C_2. La circunferencia C_3 de la familia de circunferencias C_F, que pasa por las dos intersecciones de C_1 y C_2, tiene como ecuación:

$2x^2 + 2y^2 - 20x - 16y + 41 = 0.$

La recta L_1 que pasa por los centros de las circunferencias no concéntricas C_1 y C_2, se llama recta de los centros. Se verifica que todas las circunferencias de la familia C_F, (entre ellas C_3) tienen su centro en L_1.

Las coordenadas del centro de cualquier circunferencia, están dadas por:

$$\left(-\dfrac{\dfrac{D_1 + kD_2}{k+1}}{2}, -\dfrac{\dfrac{E_1 + kE_2}{k+1}}{2} \right)$$

2. Luego, la circunferencia buscada C_3 pertenece a la familia C_F, cuya ecuación es:

$$x^2 + y^2 + D_1x + E_1y + F_1 + k(x^2 + y^2 + D_2x + E_2y + F_2) = 0$$

$$C_F: \ x^2 + y^2 - 8x - 4y + 11 + k(x^2 + y^2 - 4x + 4y - 8) = 0.$$

3. A continuación, se reescribe C_F agrupando términos comunes, y con los coeficientes de C_F, $D_1 = -8, D_2 = -4, E_1 = -4, E_2 = 4, F_1 = 11$ y $F_2 = -8$, obtenemos:

$$(k+1)x^2 + (k+1)y^2 + (D_1 + kD_2)x + (E_1 + kE_2)y + F_1 + kF_2 = 0.$$

$$(k+1)x^2 + (k+1)y^2 + (-8-4k)x + (-4+4k)y + 11 - 8k = 0.$$

luego, dividimos por $(k+1)$:

$$x^2 + y^2 - \left(\frac{8+4k}{1+k}\right)x - \left(\frac{4-4k}{1+k}\right)y + \frac{11-8k}{1+k} = 0.$$

$\underbrace{}_{D}$ $\underbrace{}_{E}$ $\underbrace{}_{F}$

Las coordenadas del centro de cualquier circunferencia, se hallan directamente como:

$$\left(-\frac{\frac{D_1 + kD_2}{k+1}}{2}, -\frac{\frac{E_1 + kE_2}{k+1}}{2}\right)$$

4. Ahora, podemos hallar el centro C en función de k, y como éste pertenece a la recta L, entonces hacemos lo siguiente:

$$C\left(-\frac{D}{2}, -\frac{E}{2}\right) = \left(\frac{4+2k}{1+k}, \frac{2-2k}{2}\right) \to 2x + y - 14 = 0 \to 2\left(\frac{4+2k}{1+k}\right) + \left(\frac{2-2k}{2}\right) - 14 = 0 \therefore k = -\frac{1}{3}.$$

5. Finalmente en C_F, reducimos la expresión, encontramos la ecuación de C_3:

$$2x^2 + 2y^2 - 20x - 16y + 41 = 0.$$

Ejercicio 50:
Ecuaciones de una circunferencia. Las ecuaciones de la circunferencia son:

$$C_1: x^2 + y^2 + 2x - 6y - 16 = 0$$

$$C_2: x^2 + y^2 - 6x + 2y = 0.$$

Halle la ecuación de C_3 de radio $5\sqrt{2}/2$ que pasa por las intersecciones de C_1 y C_2.

Pasos:
1. La circunferencia buscada C_3, es una circunferencia de la familia, cuya ecuación es:

$$(x^2 + y^2 + D_1x + E_1y + F_1) + k(x^2 + y^2 + D_2x + E_2y + F_2) = 0$$

$$C_F: \ (x^2 + y^2 + 2x - 6y - 16) + k(x^2 + y^2 - 6x + 2y) = 0.$$

2. Ahora, el objetivo es encontrar el radio de cualquier circunferencia de C_F, para ello, se debe reducir la expresión, llevándolo a su forma general en función de k:

$$x^2 + y^2 + \left(\frac{2-6k}{1+k}\right)x - \left(\frac{6-2k}{1+k}\right)y - \frac{16}{1+k} = 0.$$

3. Luego, con la fórmula del radio y reduciendo la expresión, hallamos el parámetro k, así:

$$r^2 = \frac{D^2 + E^2 - 4F}{4} \quad \rightarrow \quad \left(\frac{5\sqrt{2}}{2}\right)^2 = \frac{\left(\frac{2-6k}{1+k}\right)^2 + \left[-\left(\frac{6-2k}{1+k}\right)\right]^2 - 4\left(-\frac{16}{1+k}\right)}{4}$$

$$\rightarrow 5k^2 + 42k - 27 = 0 \qquad \therefore k_1 = -9 \text{ o } k_2 = \frac{3}{5}.$$

4. Finalmente, se sustituye en C_F cada valor de k, encontrando las ecuaciones de C_3:

$$x^2 + y^2 - 7x + 3y + 2 = 0 \text{ ó } x^2 + y^2 - x - 3y - 10 = 0.$$

Ejercicio 51:

Ecuación de una circunferencia. En la ecuación de la familia de circunferencias con centro en $L_1: 2x - y = 0$ y tangente a la recta $L_2: x + y = 0$, encuentre un miembro de la familia con centro en $L_3: 5x - y - 6 = 0$.

Pasos:
1. La figura 48, muestra los gráficos correspondientes.

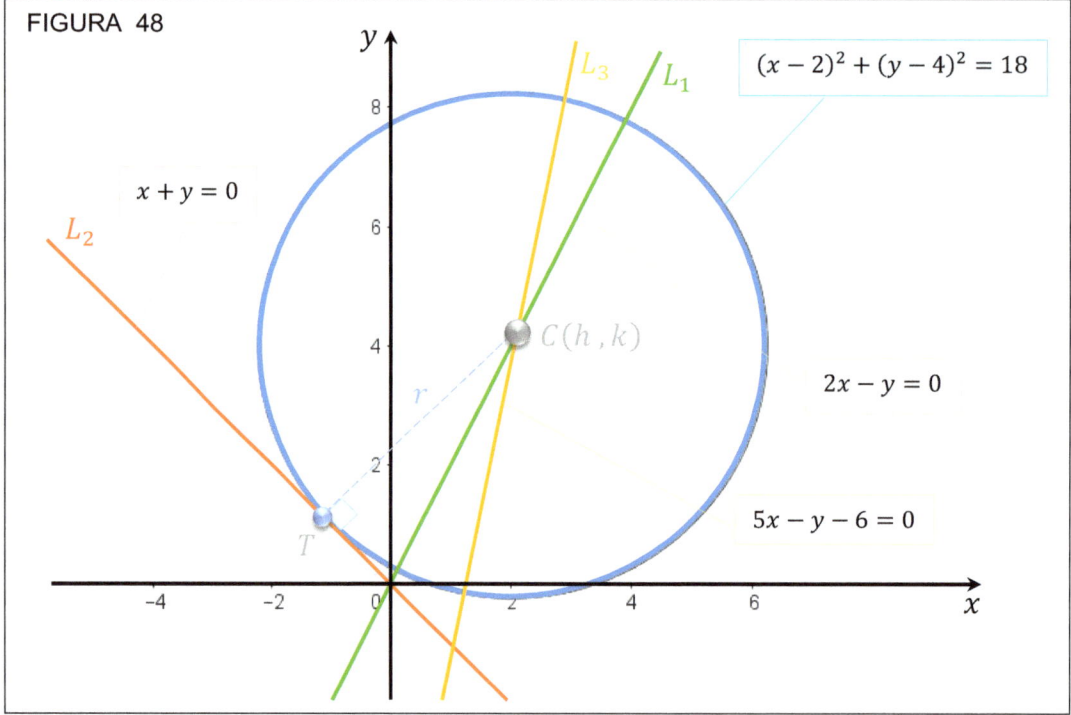

2. Luego, usemos la ecuación centro-radio de la circunferencia $(x-h)^2 + (y-k)^2 = r^2$.

3. El centro $C(h,k) \in L_1: 2x - y = 0 \therefore k = 2h$, y la distancia de $C(h,k)$ a $L_2: x + y = 0$ es:

$$r = d(C, L_2) = \frac{|x+y|}{\sqrt{1^2+1^2}} \quad \rightarrow r = \frac{|h+k|}{\sqrt{2}} \quad \therefore r = \frac{|3h|}{\sqrt{2}}.$$

4. A continuación, se sustituye estos valores hallados en la ecuación, obteniendo:

$$(x-h)^2 + (y-k)^2 = r^2 \rightarrow (x-h)^2 + (y-2h)^2 = 4{,}5\, h^2.$$

5. Ahora, como $C(h, 2h) \in L_3: 5x - y - 6 = 0 \to 5h - 2h - 6 = 0 \quad \therefore h = 2$.

6. Finalmente, la ecuación de un miembro de la familia de circunferencias, está dado por:

$$(x - h)^2 + (y - k)^2 = r^2 \quad \to (x - 2)^2 + (y - 4)^2 = 18.$$

70. Eje radical: Es el lugar geométrico de los puntos de igual grado o también se define como los puntos a partir de los cuales se pueden trazar tangentes iguales a dos circunferencias C_1 y C_2. En la ecuación de la naturaleza de las curvas, al hacer $k = -1$, obtenemos la recta denominada ecuación del eje radical, así:

Ecuación de la naturaleza de las curvas	$(k + 1) x^2 + (k + 1) y^2 + (D_1 + kD_2) x + (E_1 + kE_2) y + F_1 + kF_2 = 0$
Ecuación del eje radical	$(D_1 - D_2) x + (E_1 - E_2) y + F_1 - F_2 = 0.$

Ejercicio 52:

Ecuación de una circunferencia. La recta $L: 4x - 7y + 6 = 0$ es el eje radical de $C_1: x^2 + y^2 + 2x - 2y - 23 = 0$ y C_2, cuyo centro es $C_2(3, -6)$. Halle la ecuación de C_2.

Pasos:
1. La figura 49 nos permitirá tener una visión más clara del ejercicio.

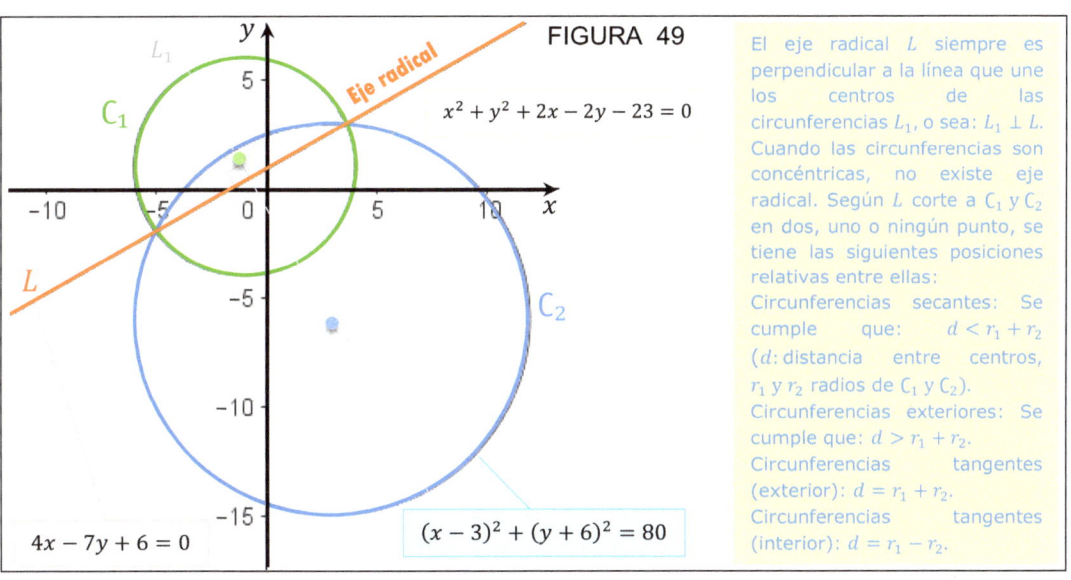

FIGURA 49

El eje radical L siempre es perpendicular a la línea que une los centros de las circunferencias L_1, o sea: $L_1 \perp L$. Cuando las circunferencias son concéntricas, no existe eje radical. Según L corte a C_1 y C_2 en dos, uno o ningún punto, se tiene las siguientes posiciones relativas entre ellas:
Circunferencias secantes: Se cumple que: $d < r_1 + r_2$ (d: distancia entre centros, r_1 y r_2 radios de C_1 y C_2).
Circunferencias exteriores: Se cumple que: $d > r_1 + r_2$.
Circunferencias tangentes (exterior): $d = r_1 + r_2$.
Circunferencias tangentes (interior): $d = r_1 - r_2$.

2. Consideremos la ecuación ordinaria para la circunferencia, $C_2: (x - 3)^2 + (y + 6)^2 = r^2$.

3. Luego, lo desarrollamos y obtenemos la ecuación en su forma general, como sigue:

$$C_2: x^2 + y^2 - 6x + 12y + 45 - r^2 = 0.$$

4. A continuación, al restar C_2 de C_1 hallamos la ecuación del eje radical L, así:

$$(C_1 - C_2) = L: 8x - 14y + r^2 - 68 = 0 \quad \therefore L: 4x - 7y + 0{,}5(r^2 - 68) = 0$$

5. Finalmente, con $r^2 = 80$ sustituimos en C_2, obteniendo: $x^2 + y^2 - 6x + 12y - 35 = 0$.

Notas del lector

Amigo lector, aunque te sientas perdido y sin fuerzas, recuerda que cada día puede ser el comienzo de algo maravilloso. ¡No te rindas! ¡No dejes tu crecimiento al azar!

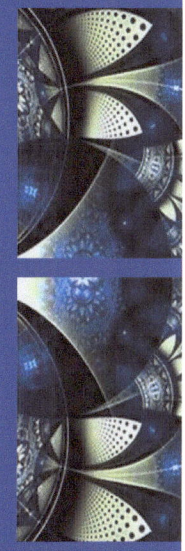

NOTEBOOK I

1.1. Sistemas de coordenadas

1.2. Línea recta

1.3. Ecuación de la circunferencia

1.4. Transformación de coordenadas

1.5. Secciones cónicas. Ecuación general de segundo grado de dos variables

1.6. Sistema de coordenadas polares

1.7. Ecuaciones paramétricas

2.1. Vectores en el plano

EJERCICIOS PROPUESTOS — SÓLO PARA TRIUNFADORES

1.3) Ecuación de la circunferencia

Comunicación matemática

38.- Indique si el enunciado es verdadero o falso. Justifique.

Enunciado	V o F	Justifique
Una circunferencia es el conjunto de todos los puntos en un plano equidistante (radio) de un punto fijo (centro).		Para justificar puede usar un ejemplo, contraejemplo, un gráfico, un esquema, un teorema, una fórmula, etc. que valide su respuesta.
Para trazar la circunferencia cuando se tiene la ecuación $x^2 + y^2 = r^2$, se debe resolver esta ecuación para y, obteniendo: $y = \sqrt{r^2 - x^2}$ y $y = -\sqrt{r^2 - x^2}$.		
La ecuación $4x^2 + 4y^2 = 81$, tiene radio 9.		
Si el centro de la circunferencia es $C(0,7)$ puede tener radio uno.		
La ecuación de la circunferencia en la forma canónica, es el tipo más simple de ecuación ordinaria.		
Si $D^2 + E^2 - 4F = 0$, la ecuación representa un solo punto, de coordenadas $\left(-\frac{D}{2}, -\frac{E}{2}\right)$.		
¿La ecuación general solo representa una circunferencia?		
Si $D^2 + E^2 - 4F < 0$, la ecuación representa un círculo imaginario, no representa un lugar geométrico.		
Es la ecuación del eje radical: $(D_1 - D_2)x + (E_1 - E_2)y + F_1 - F_2 = 0$.		
Cuando las circunferencias son concéntricas, no existe eje radical.		
Sean dos ecuaciones generales de dos circunferencias diferentes, si sus coeficientes D, E y F son iguales, serán concéntricas.		

39.- Responde las siguientes preguntas:

A) ¿Qué sucede si el radio r, es igual a la longitud de las coordenadas del centro $C(h,k)$? Es decir, si $r=|h|$, $r=|k|$ o $r=|h|=|k|$, entonces la circunferencia sería tangente al eje x, al eje y y a los ejes coordenados respectivamente. Compruébelo.

B) En la ecuación general, $x^2+y^2+Dx+Ey+F=0$, existen tres constantes arbitrarias independientes D, E y F. ¿Cuáles son las condiciones independientes? ¿Por qué se llaman así?

C) ¿En qué consiste la construcción de la circunferencia que pasa por tres puntos no colineales? Tome como referencia el ejercicio 43 de la sección 1.3 del **libro 1.**

D) Explique con palabras simples (pero sea detallado) el procedimiento del método completando el cuadrado en $x^2 + y^2 + 4x - 6y - 7 = 0$. No efectúe ningún cálculo.

E) Halle en forma analítica el centro y radio de la circunferencia: $x^2 + y^2 + 4x - 6y - 3 = 0$.

F) Define una circunferencia y un círculo. Escribe ejemplos de la vida cotidiana.

40.- Responde las siguientes preguntas:

Pregunta	Responde
1. La ecuación general de una circunferencia con centro en $(2,-1)$ y radio 6 es:	
2. ¿Qué representa la ecuación? $2x^2 + 2y^2 - 2x + 6y + 5 = 0$.	
3. El punto $P(x,y)$ se encuentra en la circunferencia si y sólo si $|\overrightarrow{PC}| = |r|$, es decir, si y sólo si $\sqrt{(x-k)^2 + (y-h)^2} = r$. ¿Es correcto? ¿Haría algún cambio?	
4. La ecuación de la circunferencia que tiene como centro $(1,2)$ y pasa por el punto $(3,-1)$ es:	
5. Describe el conjunto de puntos $(x,y) \in \mathbb{R}^2$ para: $1 < x^2 + y^2 \leq 4$.	
6. ¿Cómo define los puntos interiores de una circunferencia?	
7. Demuestre que la ecuación representa un conjunto vacío: $x^2 + y^2 - 10x + 6y + 36 = 0$.	
8. La ecuación de la circunferencia cuyo diámetro tiene como extremos los puntos $(3,-4)$ y $(7,2)$ es:	
9. Define la recta tangente a una circunferencia. ¿Qué es el punto de tangencia?	

41.- Ecuación general de la circunferencia. Amigo lector, demuestre la fórmula de la ecuación de la circunferencia en su forma general. La ecuación dada $x^2 + y^2 + Dx + Ey + F = 0$ representa una circunferencia de radio diferente de cero cuando $D^2 + E^2 - 4F > 0$, siendo las coordenadas de su centro $(h, k) = (-D/2, -E/2)$ y radio $0{,}5\sqrt{D^2 + E^2 - 4F}$.

$$x^2 + y^2 + Dx + Ey + F = 0.$$

1) Escribe la ecuación ordinaria de la circunferencia.
2) Luego, desarróllala.
3) Finalmente, cambie de coeficientes.

42.- Ecuación estándar (ordinaria) de la circunferencia. Demuestre la fórmula dada, e indique los tres casos que debe considerar respecto al numerador:

$$r^2 = \frac{D^2 + E^2 - 4F}{4}.$$

1) Use la ecuación general: $x^2 + y^2 + Dx + Ey + F = 0$.
2) Luego, sume $D^2/4 + E^2/4$, a ambos miembros de la igualdad.
3) A continuación, forme el binomio al cuadrado.
4) Finalmente, dele la forma de la ecuación estándar (ordinaria) de la circunferencia.

43.- Aplicación en la circunferencia unitaria. Suponga que el punto terminal determinado por $t = \pi/6$ es $P(x,y)$ y sean los puntos Q y R. ¿Por qué son iguales las distancias $\overrightarrow{PQ}$ y $\overrightarrow{PR}$? Use este dato, junto con la fórmula de la distancia, para demostrar que las coordenadas de P satisfacen la ecuación $2y = \sqrt{x^2 + (y-1)^2}$. Simplifique esta ecuación usando el hecho de que $x^2 + y^2 = 1$. Resuelve la ecuación simplificada para $P(x,y)$.

1) Suponga que t es un número real. Marque una distancia t a lo largo de la circunferencia unitaria, empezando en el punto $(1,0)$, y muévase en dirección contraria a las manecillas de un reloj (dirección levógira) si t es positiva y en el sentido horario si t es negativa (dirección dextrógira).
2) A continuación, el punto $P(x,y)$ obtenido en esta forma se denomina punto terminal determinado por el número real t.
3) Finalmente, si el punto inicia en $(1,0)$ y se mueve en dirección levógira, en toda la vuelta del círculo unitario regresará al mismo punto, viajando una distancia de 2π.

44.- Ángulo inscrito en una semicircunferencia. Demostrar analíticamente, que cualquier ángulo inscrito en una semicircunferencia es un ángulo recto.

1) Considere la semicircunferencia con centro en el origen. Dibújelo (hágalo grande).
2) A continuación, tome un punto cualquiera $P_1(x,y)$ de la circunferencia. Sean R y T los extremos de su diámetro.
3) Finalmente, demuestre que el segmento P_1R es perpendicular al segmento P_1T.

45.- Potencia (p) de un punto en relación a una circunferencia. Sea la potencia de P_1 con relación a una circunferencia, es el producto constante de las distancias de dicho punto a las intersecciones de una secante cualquiera trazada por P_1 con la circunferencia como muestra la figura. Sea la circunferencia C: $x^2 + y^2 + Dx + Ey + F = 0$ y el punto $P_1(x_1, y_1)$, la potencia se define como: $p = |\overrightarrow{P_1A}||\overrightarrow{P_1B}| = x_1^2 + y_1^2 + Dx_1 + Ey_1 + F$, donde α es el ángulo que forma la secante con el eje x. Si la ecuación de la circunferencia está dada en su forma estándar, el valor de la potencia será: $p = (x_1 - h)^2 + (y - k)^2 - r^2$. Si consideramos la distancia d de P_1 al $C(h, k)$ se tiene $p = d^2 - r^2$, se cumple:

a) Si $d > r$, el punto P_1 es exterior a la circunferencia y la potencia es positiva.
b) Si $d = r$, el punto P_1 está en la circunferencia y la potencia es nula.
c) Si $d < r$, el punto P_1 es interior a la circunferencia y la potencia es negativa.

Verifique la situación del punto P_1 con respecto a la circunferencia dada:
I) $P_1(-1, 3)$,   C: $x^2 + y^2 - 3x + 2y - 9 = 0$.
II) $P_1(1, -2)$,   C: $(x - 5)^2 + (y + 4)^2 = 41$.

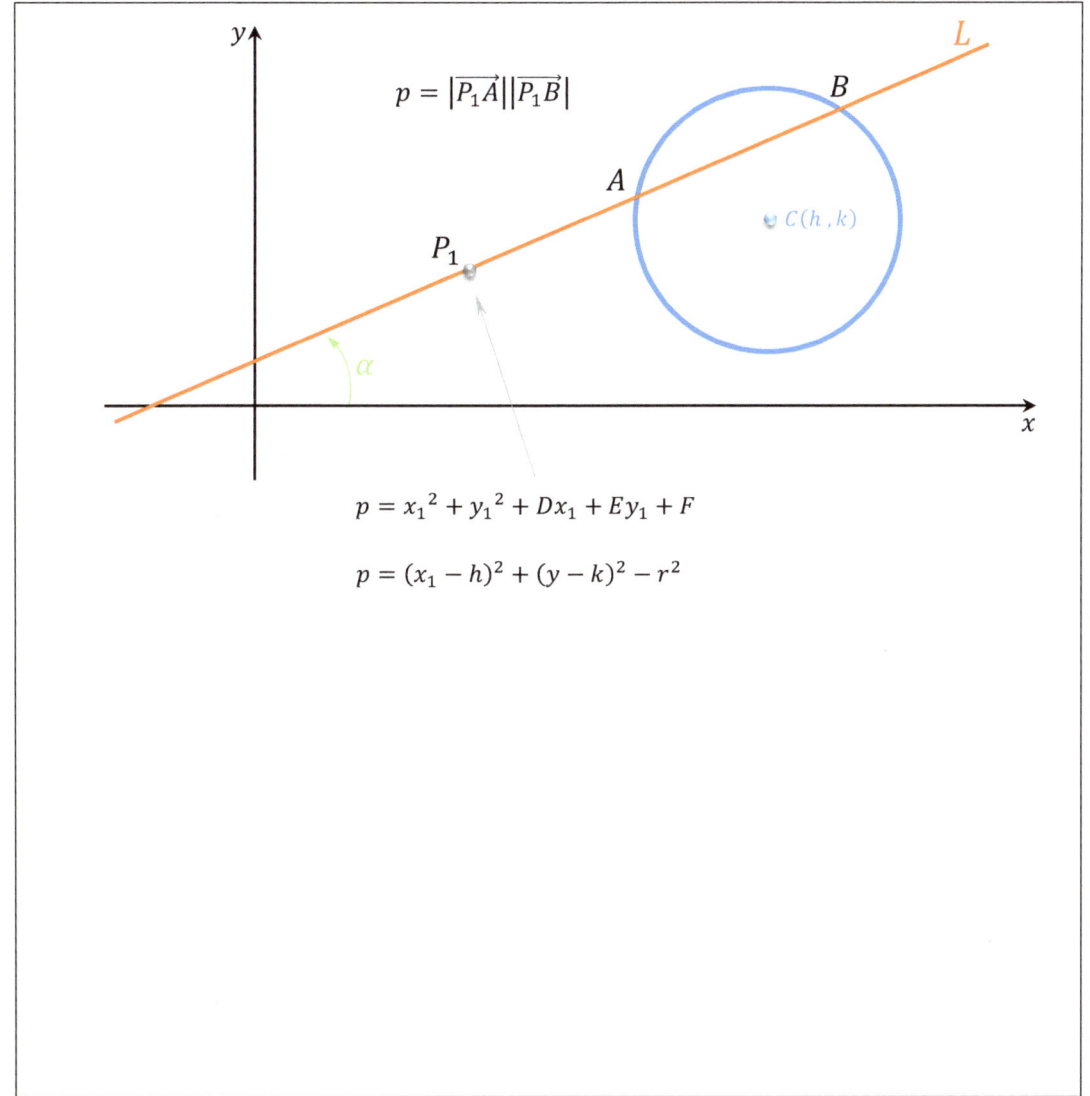

Modelamiento y resolución matemática

46.- Ecuación de la circunferencia. En la siguiente tabla, se tiene la ecuación de la circunferencia en diversas formas. Encuentre el centro $C(h,k)$ y el radio r.

Ecuación	Centro	Radio
$(x-1)^2 + (y-4)^2 = 10$	(,)	$r =$
$(x+3)^2 + (y-2)^2 = 36$	(,)	
$9x^2 + 9y^2 = 49$	(,)	

47.- Ecuación de la circunferencia. En la siguiente tabla, tiene el centro $C(h,k)$ y el radio r. Escribe las ecuaciones.

Ecuación	Centro	Radio
	$(4,-7)$	8
	$(-2,3)$	10
	$(-3,0)$	4

48.- Ecuación de la circunferencia. Halle la ecuación ordinaria y general de la circunferencia con centro en $(3,4)$ y radio 2.

1) Ya tiene h, k y r.
2) Luego, escribe la ecuación en su forma ordinaria.
3) Finalmente, desarrolle el binomio al cuadrado para obtener la ecuación en su forma general.

49.- Ecuación de la circunferencia. Sean $A(7,2), B(1,-6)$ y $C(4,3)$ los puntos por donde pasa una circunferencia. Halle las condiciones independientes. Además, la ecuación, centro y radio.

> 1) Use la ecuación en su forma general: $x^2 + y^2 + Dx + Ey + F = 0$.
> 2) A continuación, cada punto pertenece a la circunferencia, eso quiere decir, que debe sustituir cada punto coordenado en la ecuación dada formará 3 ecuaciones con 3 variables.
> 3) Finalmente, lleve los coeficientes D, E y F en la ecuación.
>
> RTA. $D = -8, E = 4$ y $F = -5$

50.- Ecuación de la circunferencia. Obtenga la ecuación de la circunferencia de radio 5 que sea tangente a la recta dada $3x + 4y - 16 = 0$, en el punto $(4,1)$.

> 1) Considere el centro $C(h,k)$.
> 2) Luego, calcule la distancia del centro a la recta tangente.
> 3) Finalmente, forme la ecuación de la circunferencia con el centro y el radio. Relacione con la ecuación anterior.

51.- Ecuación de la circunferencia. Halle la ecuación, el centro y el radio de la circunferencia que pasa por los puntos $(6,2)$ y $(8,0)$ y cuyo centro está sobre la recta $L: 3x + 7y + 2 = 0$.

1) Con la información dada realice un bosquejo del enunciado.
2) Luego, el centro $C(h,k)$ debe satisfacer L, lo mismo que los puntos sobre la ecuación de la circunferencia (que podría considerar la forma ordinaria).
3) Finalmente, relacionando las ecuaciones del paso 2, obtendrá la ecuación de la circunferencia, el centro y el radio.

RTA. $C(4,-2)$ y $r = 2\sqrt{5}$

52.- Ecuación de la circunferencia. Las ecuaciones de dos circunferencias son:

$$C_1: x^2 + y^2 + 7x - 10y + 31 = 0 \text{ y } C_2: x^2 + y^2 - x - 6y + 3 = 0.$$

Determine la ecuación de la circunferencia C_3 que pasa por las intersecciones de las dos primeras y tiene su centro sobre la recta $L: x - y - 2 = 0$.

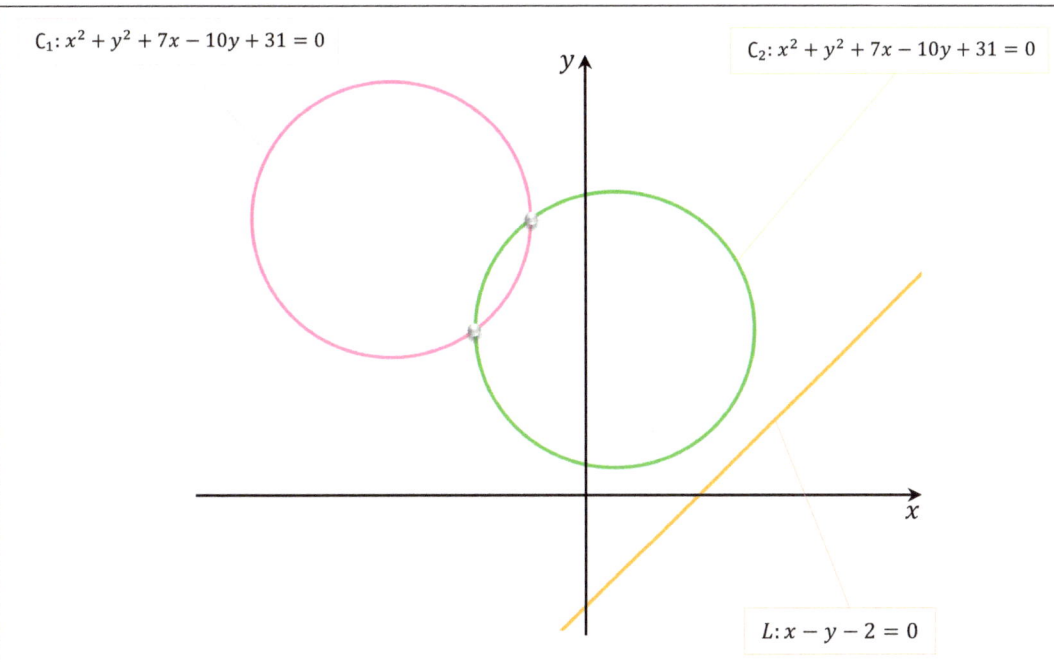

$C_1: x^2 + y^2 + 7x - 10y + 31 = 0$

$C_2: x^2 + y^2 + 7x - 10y + 31 = 0$

$L: x - y - 2 = 0$

1) Del artículo 68 y teorema 20 de la sección 1.3 del **libro 1**, use: $C_1 + kC_2 = 0$.
2) Luego, de reducir la expresión del paso anterior, identifique D_1, D_2, E_1 y E_2.
3) A continuación, el centro $C(h, k)$ de cualquier circunferencia de la familia $C_1 + kC_2 = 0$ tiene como coordenadas:

$$\left(-\frac{\frac{D_1 + kD_2}{k+1}}{2}, -\frac{\frac{E_1 + kE_2}{k+1}}{2}\right).$$

4) Finalmente, estas coordenadas deben satisfacer $L: x - y - 2 = 0$. Halle k y sustituye en la ecuación de la familia de circunferencias. Le sugiero que grafique C_3.

RTA. $x^2 + y^2 - 7x - 3y - 18 = 0$

53.- Miscelánea. Ecuación del eje radical. Determine la ecuación del eje radical de las circunferencias:

$$C_1: 2x^2 + 2y^2 + 10x - 6y + 9 = 0 \text{ y } C_2: x^2 + y^2 - 8x - 12y + 43 = 0.$$

Además, demuestre que es perpendicular a la recta que une los centros.

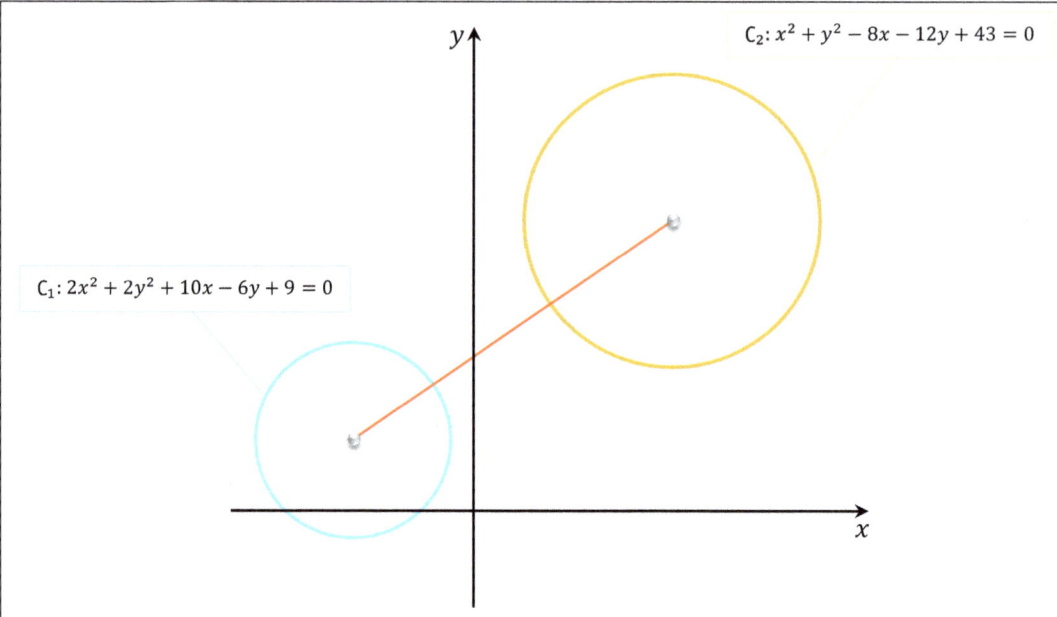

1) Resuelve las dos ecuaciones y obtendrá la ecuación del eje radical L.
2) Luego, halle la pendiente de L.
3) A continuación, encuentre los centros $C(h,k)$ de cada circunferencia.
4) Finalmente, obtenga la pendiente de la recta de los centros de ambas circunferencias.

RTA. $26x + 18y - 77 = 0$

NOTEBOOK II

1.1. Sistemas de coordenadas

1.2. Línea recta

1.3. Ecuación de la circunferencia

1.4. Transformación de coordenadas

1.5. Secciones cónicas. Ecuación general de segundo grado de dos variables

1.6. Sistema de coordenadas polares

1.7. Ecuaciones paramétricas

2.1. Vectores en el plano

EJERCICIOS PROPUESTOS — SÓLO PARA TRIUNFADORES

Comunicación matemática

1.3) Ecuación de la circunferencia

34.- Indique si el enunciado es verdadero o falso. Justifique.

Enunciado	V o F	Justifique
Para obtener la ecuación de la circunferencia con centro en $C(h,k)$ y radio r se emplea la ecuación de distancia entre dos puntos en el plano.		
La ecuación de la circunferencia es la misma que la ecuación de la esfera.		
La ecuación $(x-h)^2 + (y-k)^2 = r^2, r > 0$, es satisfecha por las coordenadas de aquellos y sólo aquellos puntos que se encuentren en la circunferencia, por tanto, es la ecuación de dicha circunferencia.		
La ecuación $x^2 + y^2 = 36$, tiene la forma ordinaria.		
Si $D^2 + E^2 - 4F > 0$, la ecuación representa una circunferencia de centro en el punto $C(-D/2, -E/2)$ y radio igual a: $r^2 = \dfrac{D^2 + E^2 - 4F}{4}$.		
La ecuación general, $x^2 + y^2 + Dx + Ey + F = 0$, presenta tres condiciones independientes D, E y F.		
La ecuación de la recta que pasa por los puntos $P(x_1, y_1)$ y $Q(x_2, y_2)$, se puede hallar como: $\begin{vmatrix} x & y & 1 \\ x_1 & y_1 & 1 \\ x_2 & y_2 & 1 \end{vmatrix} = 0.$		
El eje radical L siempre es perpendicular a la línea que une los centros de las circunferencias.		
Según la naturaleza de las curvas, la ecuación $(k+1)x^2 + (k+1)y^2 + (D_1 + kD_2)x + (E_1 + kE_2)y + F_1 + kF_2 = 0$ para $k \neq -1$ representa una circunferencia.		

35.- Responde las siguientes preguntas:

Pregunta	Responde
1. ¿Qué desigualdad que relaciona D, E y F es necesaria para que la gráfica de la ecuación dada sea una circunferencia? $$x^2 + y^2 + Dx + Ey + F = 0.$$	
2. Obtén el valor de b para que la ecuación $x^2 + y^2 - 8x + 10y + b = 0$, represente una circunferencia de radio 5. Use: $$r = \frac{1}{2}\sqrt{D^2 + E^2 - 4F}.$$	
3. La ecuación de la circunferencia que tiene como centro $(-3, 4)$ y pasa por el punto $(2, 0)$ es:	
4. La circunferencia cuyo centro es el punto (h, k) y radio constante $r > 0$, tiene como ecuación la siguiente expresión:	
5. Halle el radio r, si la distancia del centro $C(16/5, 4/5)$ a uno de los vértices de un triángulo $A(-1, 1)$.	
6. ¿Qué es la ecuación del eje radical?	
7. ¿A qué se debe que las circunferencias concéntricas, no presenten eje radical?	
8. ¿Es una circunferencia? $$x^2 + y^2 - 2x + 10y + 19 = 0.$$	
9. La ecuación de la circunferencia cuyo diámetro tiene como extremos los puntos $(-1, -5)$ y $(4, -6)$ es:	
10. Mencione los elementos asociados de una circunferencia.	

36.- Responde las siguientes preguntas:

A) ¿Cómo demuestra que la ecuación general solo representa una circunferencia? Le sugiero empezar por $x^2 + y^2 + Dx + Ey + F = 0$, luego aplique el método completando el cuadrado.

B) Define el arco capaz, ¿usted cree que se importante en la Geometría analítica?

C) Sea d la distancia del centro de una circunferencia de radio r a una recta dada coplanar a dicha circunferencia, se cumple: si $d < r$ la recta es secante, $d = r$ la recta es tangente y si $d > r$ la recta es exterior. Compruébelo.

37.- Construcción de una circunferencia. Construye una circunferencia que pase por tres puntos no colineales A, B y C.

1) Trace las mediatrices L_1 y L_2 por los lados $\overrightarrow{AB}$ y $\overrightarrow{BC}$ respectivamente. Para ello, dibuje una circunferencia haciendo centro en los vértices con un radio adecuado, las circunferencias se intersecan en dos puntos y por dichos puntos trace la recta pedida. Repite el proceso para la otra mediatriz.
2) Luego, observe que la intersección de las mediatrices L_1 y L_2 es el centro C de la circunferencia.
3) Finalmente, la distancia de C a cualesquiera de los puntos A, B y C, es el radio. Use regla y colores.

38.- Ecuación del lugar geométrico. Un punto se mueve de tal manera que la suma de los cuadrados de sus distancias a dos puntos fijos dados es constante. Determine la ecuación de su lugar geométrico y compruebe que es una circunferencia.

1) Bosquéjelo y considere como uno de los puntos, el origz puntos, el origen y el otro punto, un punto que pueda saber sus coordenadas (piense cual le conviene).
2) Luego, tome un punto cualquiera del lugar geométrico $P(x,y)$.
3) A continuación, P debe satisfacer la condición dada.
3) Finalmente, para comprobar que es una circunferencia halle el centro y el radio.

39.- Ecuación de la tangente. Determine la ecuación de la tangente a $x^2 + y^2 = r^2$ en el punto de tangencia $T(x_1, y_1)$.

1) Dibuje y considere que la ecuación de la tangente, es la ecuación punto-pendiente. Halle su pendiente.
2) Luego, $T(x_1, y_1)$ debe satisfacer la ecuación de la circunferencia.
3) A continuación, desarrolle en forma análoga para la circunferencia (parte de la ecuación ordinaria).
4) Finalmente, aplíquelo para $T(-5, 7)$ y C: $(x + 2)^2 + (y - 3)^2 = 25$.

Modelamiento y resolución matemática

40.- Ecuación de la circunferencia. Encuentre la ecuación de la circunferencia que pasa por los puntos $M(-1,2)$, $N(0,0)$ y $S(3,0)$. Además, señale el centro y radio.

1) Use la ecuación en su forma general: $x^2 + y^2 + Dx + Ey + F = 0$.
2) A continuación, cada punto pertenece a la circunferencia, eso quiere decir, que debe satisfacer la ecuación prescrita (dada).
3) Luego, formará 3 ecuaciones con 3 variables.
4) Finalmente, lleve los coeficientes D, E y F en la ecuación. Dele la forma estándar (ordinaria) para que halle el centro y radio.

RTA. $C = \left(\dfrac{3}{2}, 2\right)$ y $r = \dfrac{5}{2}$

41.- Ecuación de la circunferencia. Halle las ecuaciones de las circunferencias y dibuje sus gráficas, si se sabe:
a) Tiene radio tres y centro $(4,-2)$.
b) Con centro $(3,-1)$ y pasando por $(1,4)$.
c) Pasa por $(2,-2)$, $N(6,0)$ y $S(0,2)$.

RTA. a) $(x-4)^2 + (y+2)^2 = 9$,   b) $(x-3)^2 + (y+1)^2 = 29$ y c) $x^2 + y^2 - 6x - 2y = 0$

42.- Ecuación de la circunferencia y degeneración. Emplee el método completando el cuadrado. Indicar si las siguientes ecuaciones representan una circunferencia, un único punto o no representa ningún lugar geométrico.

a) $36x^2 + 36y^2 + 48x - 108y + 97 = 0$.
b) $2x^2 + 2y^2 - 10x + 6y - 15 = 0$.
c) $x^2 + y^2 - 8x + 6y + 29 = 0$.

> Lleve los dos primeros casos a su forma estándar u ordinaria. Luego verifique sus resultados, con el artículo 65 de la sección 1.3 del **libro 1**): $D^2 + E^2 - 4F > 0, D^2 + E^2 - 4F = 0$ y $D^2 + E^2 - 4F < 0$, para indicar que es una circunferencia, un punto, o un conjunto vacío (no presenta un lugar geométrico real) respectivamente. No olvide que los coeficientes de los términos cuadráticos son unos.

RTA. a) $\left(-\frac{2}{3}, \frac{3}{2}\right)$, b) $\left(\frac{5}{2}, -\frac{3}{2}\right), r = 4$ y c) Ningún LG real.

43.- Ecuación de la circunferencia. Podemos obtener la ecuación de la circunferencia que pasa por tres puntos dados no colineales $P(x_1, y_1), Q(x_2, y_2)$ y $R(x_3, y_3)$, en forma de determinante, así:

Punto genérico (x, y)

$$\begin{vmatrix} x^2 + y^2 & x & y & 1 \\ x_1{}^2 + y_1{}^2 & x_1 & y_1 & 1 \\ x_2{}^2 + y_2{}^2 & x_2 & y_2 & 1 \\ x_3{}^2 + y_3{}^2 & x_3 & y_3 & 1 \end{vmatrix} = 0.$$

Este determinante también es útil para saber si cuatro puntos están o no sobre la circunferencia, a tales puntos se le denomina concíclicos. Sean los siguientes puntos $(-1, -1), (2, 8), (5, 7)$ y $(7, 3)$, ¿son concíclicos?

44.- Ecuación de una circunferencia. Sea $4x^2 + 4y^2 - 16x + 20y + 25 = 0$ la ecuación de una circunferencia, se pide hallar la ecuación de la circunferencia concéntrica que es tangente a la recta $5x - 12y = 1$.

RTA. $(x-2)^2 + \left(y+\dfrac{5}{2}\right)^2 = 9$

45.- Recta tangente a la circunferencia. Determine la ecuación de la recta que pasa por el punto $(11, 4)$ y es tangente a la circunferencia $x^2 + y^2 - 8x - 6y = 0$, (dos soluciones).

RTA. $4x - 3y - 32 = 0$ y $3x + 4y - 49 = 0$

46.- Recta tangente a la circunferencia. Halle el valor de la constante c para que la recta dada por $2x + 3y + c = 0$ sea tangente a la circunferencia $x^2 + y^2 + 6x + 4y = 0$.

RTA. $c = -1$ y $c = 25$

47.- Miscelánea. Respecto al eje radical. Si t es la longitud de la tangente trazada del punto exterior $P_1(x_1, y_1)$ a la circunferencia $(x-h)^2 + (y-k)^2 = r^2$ entonces se cumple:

$$t = \sqrt{(x_1 - h)^2 + (y_1 - k)^2 - r^2}.$$

Demuestre la fórmula y determine la longitud de la tangente trazada del punto $P_1(-3, 2)$ a la circunferencia $9x^2 + 9y^2 - 30x - 18y - 2 = 0$.

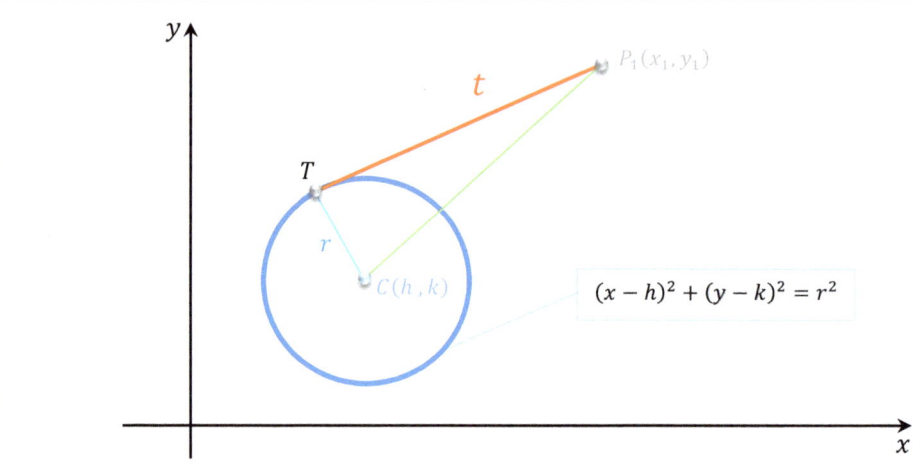

1) Para la demostración use el teorema de Pitágoras en el triángulo CTP_1, considerando $CT \perp P_1T$.
2) Luego, por el teorema 2 (sección 1.1 del **libro 1**) halle la distancia $\overrightarrow{CP_1}$, entre dos puntos del plano.
3) A continuación, en el ejercicio puede darle la forma del radicando en la fórmula (completando el cuadrado) o simplemente, en forma directa, sustituye el punto dado.
4) Finalmente, obtendrá la longitud de la tangente.

RTA. $t = 13/3$

48.- Miscelánea. Ecuación de una circunferencia. Halle la ecuación forma centro-radio y verifique el centro $C(h,k)$ y el radio r.

Ecuación general	Ecuación forma de centro-radio	Centro y Radio
$x^2 + y^2 + 6x - 4y - 23 = 0$		$C(-3,2)$
		$r = 6$
$x^2 + y^2 - 2x - 8y + 7 = 0$		$C(1,4)$
		$r = \sqrt{10}$
$x^2 + y^2 - 6x - 8y + 9 = 0$		$C(3,4)$
		$r = 4$
$3x^2 + 3y^2 + 4y - 7 = 0$		$C\left(0, -\dfrac{2}{3}\right)$
		$r = \dfrac{5}{3}$

49.- Miscelánea. Ecuación de una circunferencia. Determine si la gráfica de la ecuación dada es una circunferencia, un punto o el conjunto vacío. Si la gráfica es una circunferencia, indique el centro y el radio.

Ecuación general	Ecuación forma de centro-radio
$4x^2 + 4y^2 - 12x + 8y + 77 = 0$	
$36x^2 + 36y^2 - 48x - 36y + 16 = 0$	
$9x^2 + 9y^2 - 144x + 12y + 580 = 0$	

1.4. Transformación de coordenadas

71. Introducción:
Amigo lector, ¿qué entiende por transformación? Es una palabra que se usa en muchos aspectos de nuestra vida, por ejemplo: transformación digital, es un cambio cultural y estratégico que afecta a toda la organización y sus stakeholders, basándose en las tecnologías de la información favoreciendo la eficacia y eficiencia del funcionamiento de la empresa (1); la transformación de una compañía legalmente constituida cuando adopta otro tipo social, es decir, pasa de S.A a E.I.R.L; la transformación de la energía de mecánica a eléctrica (turbinas hidráulicas-2); las transformaciones biológicas en el organismo como la fotosíntesis, la respiración celular, etc. (3) y en matemática la palabra

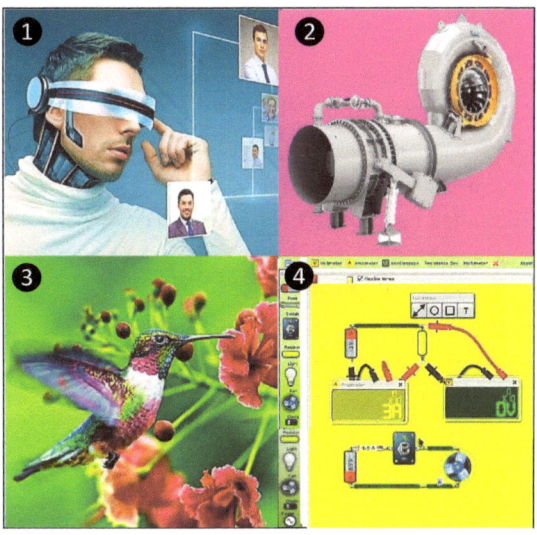

transformación se usa mucho en diversos capítulos, desde cambio de variables en integrales múltiples, pasando por transformaciones de Laplace (modelamiento de circuitos eléctricos-4), hoy estudiaremos la transformación de coordenadas, cuyas operaciones nos permitirán describir geométricamente un objeto para cambiar su posición, orientación, haciendo más simple su ecuación y gráfica.

72. Definición:
En cursos anteriores hemos estudiado las transformaciones de funciones, como un procedimiento que permitía graficar una función a partir de una ecuación simple, pudiendo desplazarlo, reflejarlo y estirarlo. En general, la transformación que crea una figura es congruente con la figura original, se denomina transformación rígida o isometría. Bajo una transformación rígida, el gráfico de la función se mueve sin deformación como si fuese un cuerpo rígido, es decir, el gráfico no es estirado ni contraído, no se dobla sobre sí misma (la figura no cambia de tamaño ni forma). Las transformaciones rígidas pueden ser traslaciones, rotaciones y reflexiones. En esta sección consideraremos las transformaciones como si fueran transformaciones de coordenadas y nos limitaremos a las traslaciones y rotaciones de ejes. La transformación de coordenadas se define como procedimiento por el cual una relación, expresión o figura se transforma en otra siguiendo igualdades llamadas **ecuaciones de transformación.** Genera un nuevo juego de ejes coordenados y asigna un par de coordenadas a cada punto del plano. El objetivo es simplificar la identificación de las ecuaciones y el trazo de ellas, las nuevas coordenadas, a partir de la traslación y rotación de los ejes cartesianos.

73. Traslación de los ejes coordenados: Una traslación en general desliza la figura a lo largo de una trayectoria recta, moviendo cada punto la misma distancia en la misma dirección. La traslación de los ejes coordenados se define como la operación de mover los ejes coordenados en el plano coordenado a una posición diferente, de tal forma que los nuevos ejes sean paralelos a los iniciales o primitivos, y dirigidos en el mismo sentido. El procedimiento consiste en mover los ejes coordenados paralelamente a sí mismos, permitiendo transformar las coordenadas (x, y) de un punto cualesquiera de una curva, en las coordenadas (x', y') resultando la ecuación de la curva más simple.

TEOREMA 21: Traslación de ejes. Cuando se trasladan los ejes coordenados a un nuevo origen $O'(h,k)$ además, si las coordenadas de cualquier punto P antes y después de la traslación son (x,y) y (x',y') respectivamente, entonces las ecuaciones de transformación del sistema original al nuevo sistema de coordenadas son las siguientes:

$$x = x' + h \qquad y = y' + k.$$

74. Demostración: La figura 50 muestra los ejes originales x y y y los nuevos ejes x' y y', y sean (h,k) las coordenadas del nuevo origen O' respecto al sistema original. A partir del punto P trazamos perpendiculares a ambos sistemas de coordenadas, luego, prolongamos los nuevos ejes hasta que corten a los originales en los puntos M y N sobre el eje x, y R y S sobre el eje y. A continuación, empleando el teorema 1 (distancia dirigida entre puntos sobre el mismo eje) en el eje x y y, obtenemos:

Distancia dirigida sobre el eje x: $\quad x = \overrightarrow{ON} = \overrightarrow{OM} + \overrightarrow{MN} = \overrightarrow{OM} + \overrightarrow{O'W} = h + x'$

Distancia dirigida sobre el eje y: $\quad y = \overrightarrow{OS} = \overrightarrow{OR} + \overrightarrow{RS} = \overrightarrow{OR} + \overrightarrow{O'G} = k + y'.$

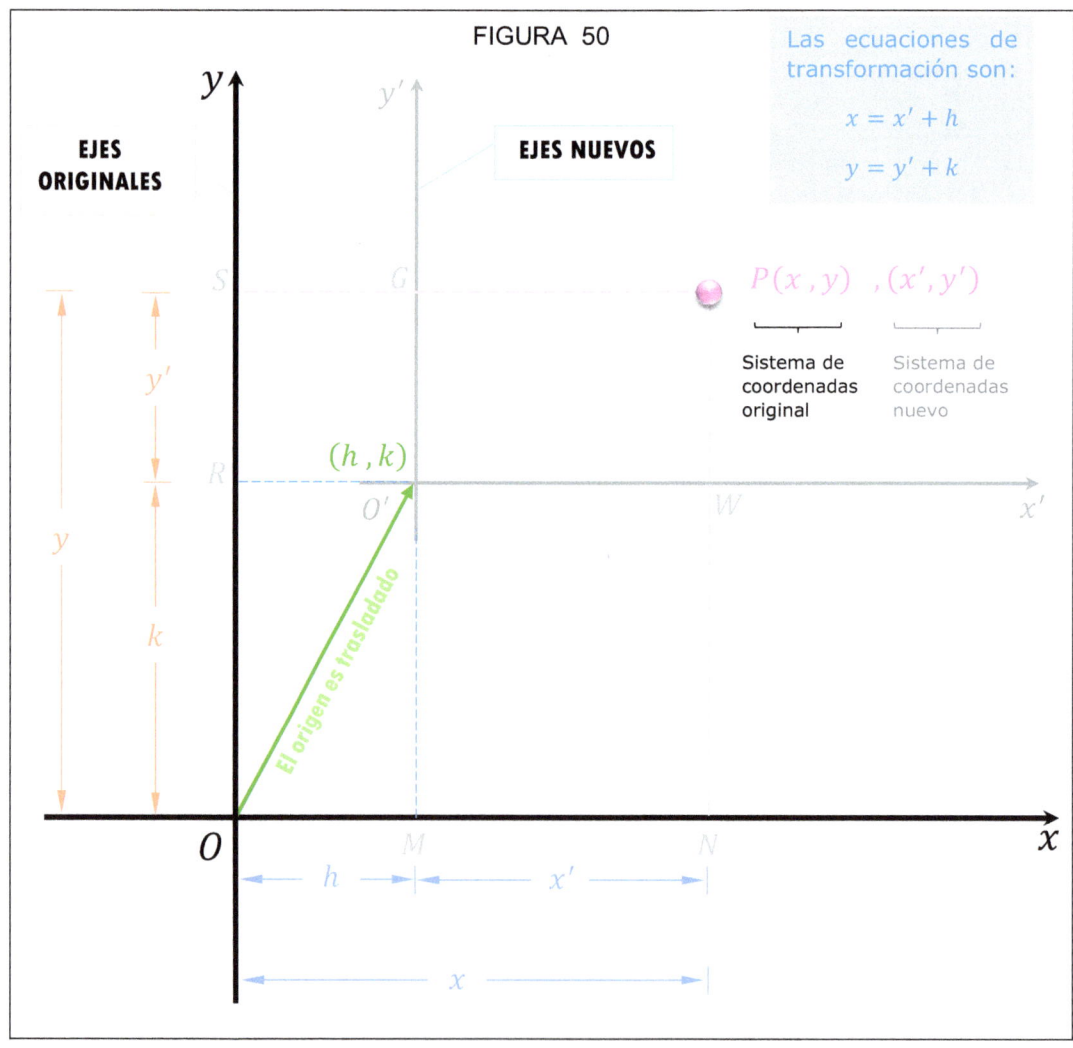

FIGURA 50

Ejercicio 53:
Nueva ecuación y lugar geométrico. Halle la ecuación de la curva representada por la expresión $4x^2 + 4y^2 + 16x - 24y + 27 = 0$, si el origen es trasladado a $O'(-2,3)$. Trazar el lugar geométrico y los dos sistemas de ejes.

Pasos:
1. De acuerdo a la figura precedente como el nuevo origen está en $O'(-2,3)$, entonces se conoce el valor de $h = -2$ y $k = 3 \rightarrow (h,k) = (-2,3)$.

2. Luego, por el teorema 31, las ecuaciones de transformación son:

$$x = x' + h \rightarrow x = x' - 2$$

$$y = y' + k \rightarrow y = y' + 3.$$

3. A continuación, sustituimos en la ecuación de segundo grado dada, se reduce y obtendremos la ecuación de la curva, así:

$$4x^2 + 4y^2 + 16x - 24y + 27 = 0$$

$$4(x' - 2)^2 + 4(y' + 3)^2 + 16(x' - 2) - 24(y' + 3) + 27 = 0$$

$$\therefore 4x'^2 + 4y'^2 = 25.$$

4. Finalmente, el lugar geométrico de la ecuación de la curva, se muestra en la figura 51.

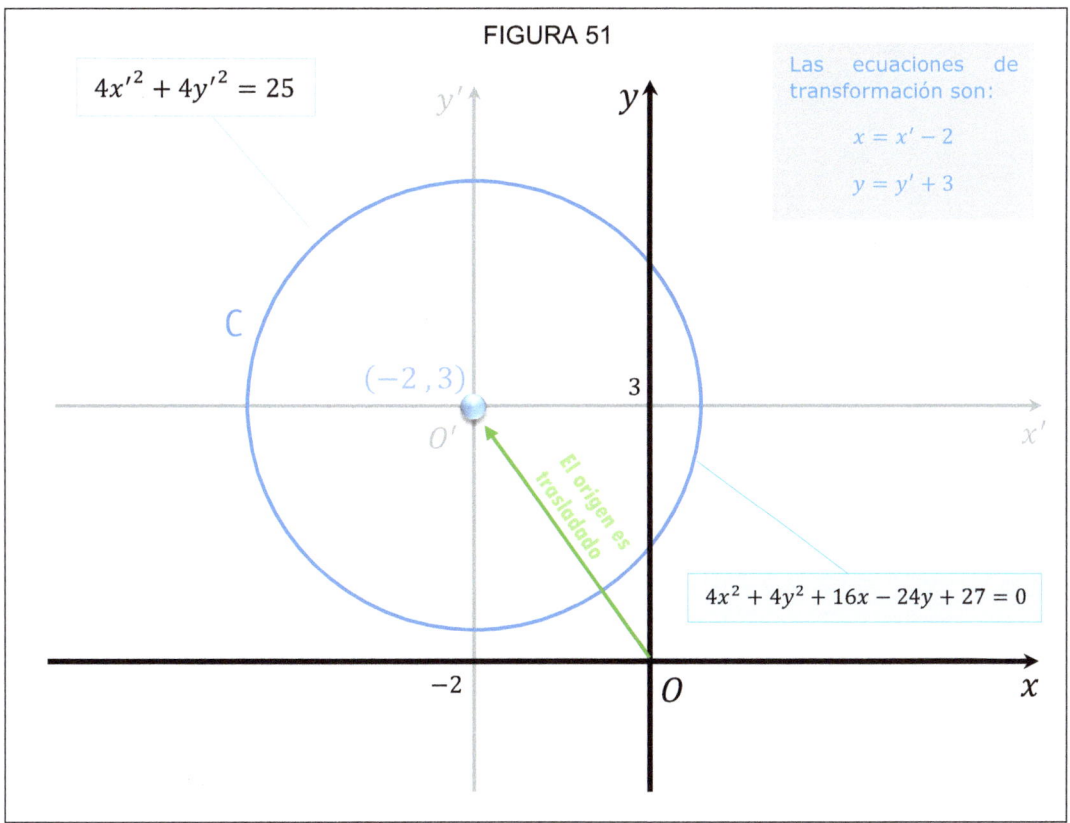

FIGURA 51

Ejercicio 54:

Nueva ecuación y lugar geométrico. Debido a una traslación de los ejes coordenados, se pide transformar la ecuación dada por:

$$x^2 - 4y^2 + 6x + 8y + 1 = 0,$$

en otra ecuación que carezca de términos de primer grado. Además, trazar el lugar geométrico y ambos sistemas de ejes coordenados.

Pasos:

1. El ejercicio lo resolveremos por dos métodos, veamos:

I) Método general: Consiste en emplear las ecuaciones de transformación (teorema 21), en la ecuación dada, así:

$$x = x' + h \ \ y \ \ y = y' + k$$

$$x^2 - 4y^2 + 6x + 8y + 1 = 0$$

$$(x' + h)^2 - 4(y' + k)^2 + 6(x' + h) + 8(y' + k) + 1 = 0,$$

debemos reducir y agrupar los términos semejantes, obteniendo:

$$x'^2 - 4y'^2 + (2h + 6)\,x' - (8k - 8)\,y' + h^2 - 4k^2 + 6h + 8k + 1 = 0 \ \cdots (\gamma)$$

2. Luego, según el enunciado, la ecuación (γ) no debe tener términos de primer grado, entonces lo igualamos a cero:

$$2h + 6 = 0 \ \rightarrow h = -3 \ \ y \ \ 8 - 8k = 0 \ \rightarrow k = 1 \ \therefore (h,k) = (-3,1).$$

3. Se sustituye el nuevo origen $(-3,1)$ en (γ), hallamos la ecuación pedida (figura 52).

$$x'^2 - 4y'^2 = 4.$$

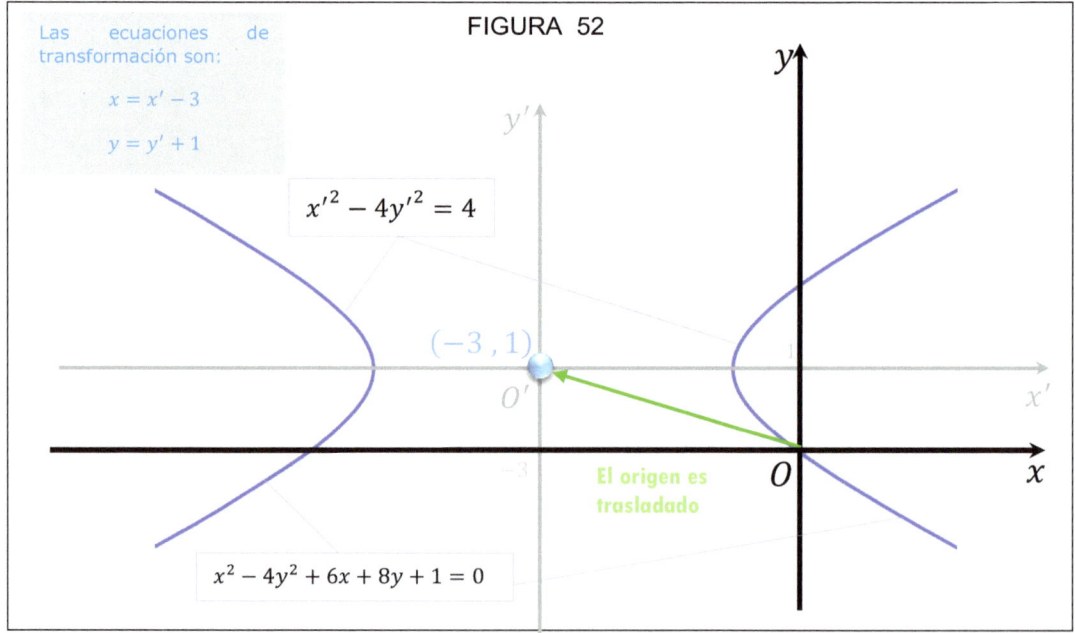

FIGURA 52

II) Método completando el cuadrado: Es un método que estudiamos en cursos anteriores, se aplica en ecuaciones de segundo grado que no presenten el término o producto cruzado xy, siendo posible la traslación completando el cuadrado. El procedimiento es el siguiente: se ordenan por variables, las x en el lado izquierdo y las y a su derecha, enciérrelo entre paréntesis, luego, complete la mitad del coeficiente lineal $6x$ y $2y$ al cuadrado 3^2 y 1^2, a continuación, sume y reste, veamos:

Se suma y resta 9, para que no afecte la expresión.

$$(x^2 + 6x + 9 - 9) - 4(y^2 - 2y + 1 - 1) + 1 = 0,$$

La mitad es 3, al cuadrado 9.

4. A continuación, con los tres primeros términos formamos el binomio al cuadrado, los términos constantes restantes se suman, y se llevan al miembro derecho, así:

$$[(x+3)^2 - 9] - 4[(y-1)^2 - 1] + 1 = 0 \rightarrow (x+3)^2 - 4(y-1)^2 = 2^2.$$

5. Luego, hacemos las sustituciones $x + 3 = x'$ y $y - 1 = y'$, obteniendo $x'^2 - 4y'^2 = 4$, siendo las ecuaciones de transformación:

$$x = x' - 3 \quad \text{y} \quad y = y' + 1.$$

6. Finalmente, cada método tiene sus propias características, usted tendrá que elegir el método con el cual se sienta más cómodo.

75. Rotación de los ejes coordenados: En general, una rotación gira una figura alrededor de un punto fijo, rotando cada punto el mismo número de grados. Puedes describir una rotación dando el punto central, el número de grados, y la dirección. Cuando no se especifica una dirección, se supone que la rotación se da en el sentido opuesto a las manecillas del reloj. La rotación de los ejes coordenados consiste en rotar alrededor del origen, considerando fijos todos los puntos de plano, por lo que cada punto, excepto el origen, tendrá un nuevo par de coordenadas. El principal objetivo de usar la rotación es eliminar el término o producto cruzado xy de las ecuaciones de segundo grado (vea el ejercicio 56).

TEOREMA 22: Rotación de ejes. Cuando los ejes coordenados giran un ángulo θ respecto a su origen como centro de rotación, además, si las coordenadas de cualquier punto P antes y después de la rotación son (x,y) y (x',y') respectivamente, entonces las ecuaciones de transformación del sistema original al nuevo sistema de coordenadas son las siguientes:

$$x = x' \cos\beta - y' \operatorname{sen}\beta$$
$$y = x' \operatorname{sen}\beta + y' \cos\beta.$$

76. Demostración: En la figura 53 se muestra los ejes originales x y y, y los nuevos ejes coordenados x' y y'. Procedemos de forma similar al artículo 74, es decir, trazamos a partir del punto P la ordenada $\overrightarrow{MP}$ en el sistema x y y, y la ordenada $\overrightarrow{M'P}$ correspondiente al sistema x' y y', además de la recta $\overrightarrow{OP}$. Consideremos las siguientes medidas en el triángulo OPM'; el ángulo $POM' = \theta$, $\overline{OP} = r$, donde β es el ángulo de giro de los ejes coordenados $0^0 \leq \beta \leq 90^0$. Con esta información y por trigonometría tenemos las siguientes longitudes (tabla 2):

TABLA 2

Sistema original	Sistema nuevo
$x = \overrightarrow{OM} = r\cos(\beta + \theta)$	$x' = \overrightarrow{OM'} = r\cos\theta$
$y = \overrightarrow{MP} = r\,\text{sen}(\beta + \theta)$	$y' = \overrightarrow{M'P} = r\,\text{sen}\,\theta$

Fórmulas trigonométricas de adición y sustracción	
$\cos(x \pm y) = \cos x \cos y \mp \text{sen}\,x\,\text{sen}\,y$	$\text{sen}(x \pm y) = \text{sen}\,x\cos y \pm \cos x\,\text{sen}\,y$
$\cos(\beta + \theta) = \cos\beta\cos\theta - \text{sen}\,\beta\,\text{sen}\,\theta$	$\text{sen}(\beta + \theta) = \text{sen}\,\beta\cos\theta + \cos\beta\,\text{sen}\,\theta.$

Sustituimos en x, obteniendo:

$$x = \overrightarrow{OM} = r\cos(\beta + \theta) \rightarrow x = r\cos\beta\cos\theta - r\,\text{sen}\,\beta\,\text{sen}\,\theta \quad \therefore x = x'\cos\beta - y'\text{sen}\,\beta.$$

De forma similar, para la distancia y:

$$y = \overrightarrow{MP} = r\,\text{sen}(\beta + \theta) \rightarrow y = r\,\text{sen}\,\beta\cos\theta + r\cos\beta\,\text{sen}\,\theta \quad \therefore y = x'\text{sen}\,\beta + y'\cos\beta.$$

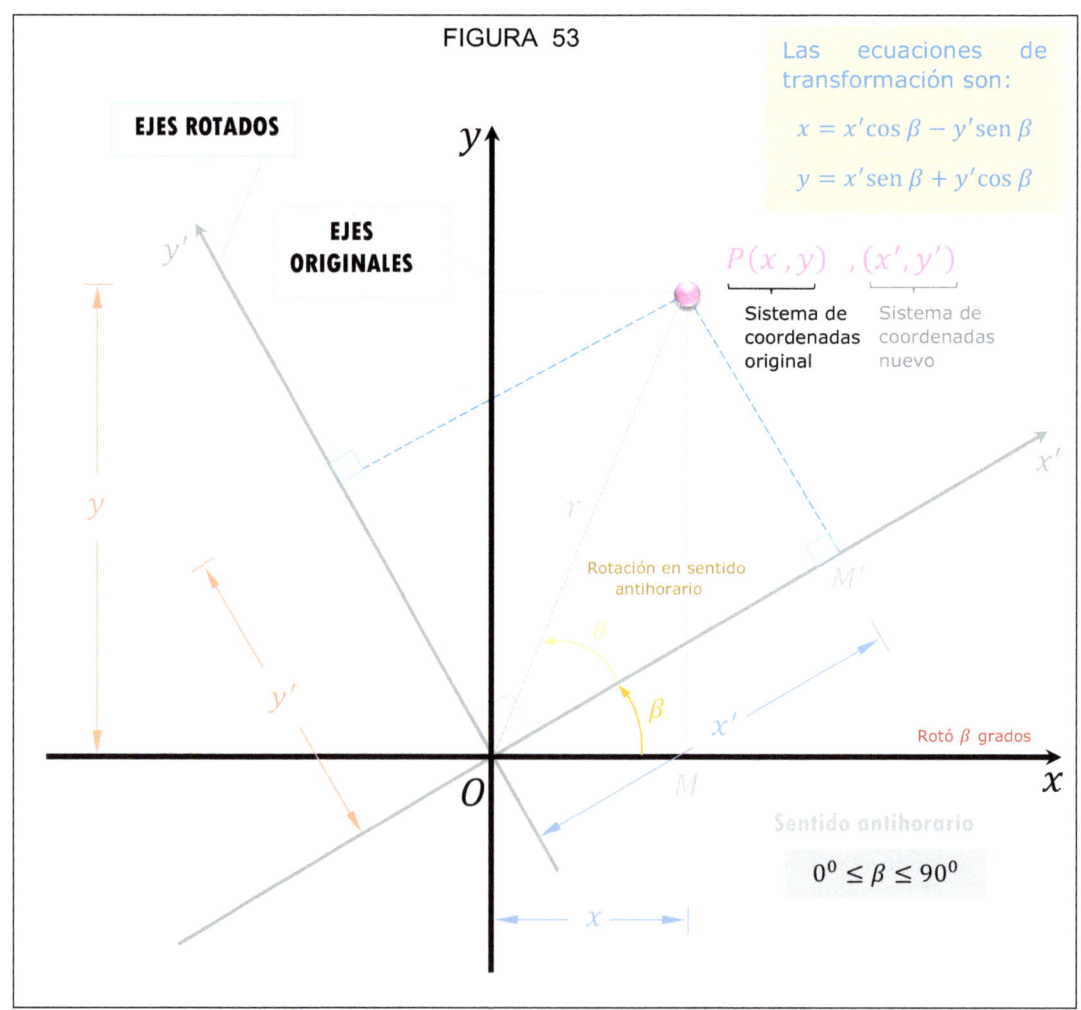

FIGURA 53

Ejercicio 55:
Determinación de las coordenadas originales. El punto P dado, se obtuvo después de haber rotado los ejes coordenados un ángulo de 15^0. Halle las coordenadas originales de P.

$$P\left(\frac{\sqrt{2}-3\sqrt{6}}{2},\frac{\sqrt{2}+3\sqrt{6}}{2}\right).$$

Pasos:
1. Empleamos las fórmulas de trigonometría de la tabla 2 y calculamos el $\text{sen}\,15^0$ y $\cos 15^0$, como sigue:

$$\text{sen}\,15^0 = \text{sen}\,(45^0 - 30^0) = \text{sen}\,45^0 \cos 30^0 - \cos 45^0 \,\text{sen}\,30^0 \quad \therefore \text{sen}\,15^0 = \frac{\sqrt{6}-\sqrt{2}}{4}$$

$$\cos 15^0 = \cos(45^0 - 30^0) = \cos 45^0 \cos 30^0 + \text{sen}\,45^0 \,\text{sen}\,30^0 \quad \therefore \cos 15^0 = \frac{\sqrt{6}+\sqrt{2}}{4}.$$

2. Luego, como el ángulo de rotación (giro) de los ejes coordenados es $\beta = 15^0$, y el punto P con las nuevas coordenadas es $P(x', y') = P\left(\frac{\sqrt{2}-3\sqrt{6}}{2}, \frac{\sqrt{2}+3\sqrt{6}}{2}\right)$ y según el teorema 22 de rotación de ejes, las ecuaciones de transformación para x y y, son:

$$x = x'\cos\beta - y'\text{sen}\,\beta \to x = \left(\frac{\sqrt{2}-3\sqrt{6}}{2}\right)\left(\frac{\sqrt{6}+\sqrt{2}}{4}\right) - \left(\frac{\sqrt{2}+3\sqrt{6}}{2}\right)\left(\frac{\sqrt{6}-\sqrt{2}}{4}\right) \quad \therefore x = -4$$

$$y = x'\text{sen}\,\beta + y'\cos\beta \to y = \left(\frac{\sqrt{2}-3\sqrt{6}}{2}\right)\left(\frac{\sqrt{6}-\sqrt{2}}{4}\right) + \left(\frac{\sqrt{2}+3\sqrt{6}}{2}\right)\left(\frac{\sqrt{6}+\sqrt{2}}{4}\right) \quad \therefore y = 2\sqrt{3}.$$

3. Finalmente, las coordenadas originales del punto P son $(-4, 2\sqrt{3})$.

Ejercicio 56:
Nueva ecuación y lugar geométrico Se pide transformar la ecuación dada, girando los ejes coordenados un ángulo de 30^0. Trazar el lugar geométrico y ambos sistemas de ejes coordenados.

$$2x^2 + \sqrt{3}\,xy + y^2 - 4 = 0.$$

Pasos:
1. Sabemos que el ángulo de giro de los ejes coordenados es $\beta = 30^0$ y según el teorema 22 de rotación de ejes, las ecuaciones de transformación para x y y, son:

$$x = x'\cos\beta - y'\text{sen}\,\beta \to x = x'\cos 30^0 - y'\text{sen}\,30^0 \quad \therefore x = \frac{\sqrt{3}}{2}x' - \frac{1}{2}y'$$

$$y = x'\text{sen}\,\beta + y'\cos\beta \to y = x'\text{sen}\,30^0 + y'\cos 30^0 \quad \therefore y = \frac{1}{2}x' + \frac{\sqrt{3}}{2}y'.$$

2. Luego, sustituimos x y y en la ecuación $2x^2 + \sqrt{3}\,xy + y^2 - 4 = 0$, obteniendo:

$$2\left(\frac{\sqrt{3}}{2}x' - \frac{1}{2}y'\right)^2 + \sqrt{3}\left(\frac{\sqrt{3}}{2}x' - \frac{1}{2}y'\right)\left(\frac{1}{2}x' + \frac{\sqrt{3}}{2}y'\right) + \left(\frac{1}{2}x' + \frac{\sqrt{3}}{2}y'\right)^2 - 4 = 0.$$

3. A continuación, reducimos la expresión, para obtener la ecuación transformada, así:

$$\left(\frac{3}{2}x'^2 - \sqrt{3}x'y' + \frac{1}{2}y'^2\right) + \left(\frac{3}{4}x'^2 + \frac{\sqrt{3}}{2}x'y' - \frac{3}{4}y'^2\right) + \left(\frac{1}{4}x'^2 + \frac{\sqrt{3}}{2}x'y' + \frac{3}{4}y'^2\right) - 4 = 0,$$

$$\frac{5}{2}x'^2 + \frac{1}{2}y'^2 = 4 \quad \therefore \quad 5x'^2 + y'^2 = 8.$$

4. Finalmente, la ecuación transformada es $5x'^2 + y'^2 = 8$, la cual se muestra en la figura 54.

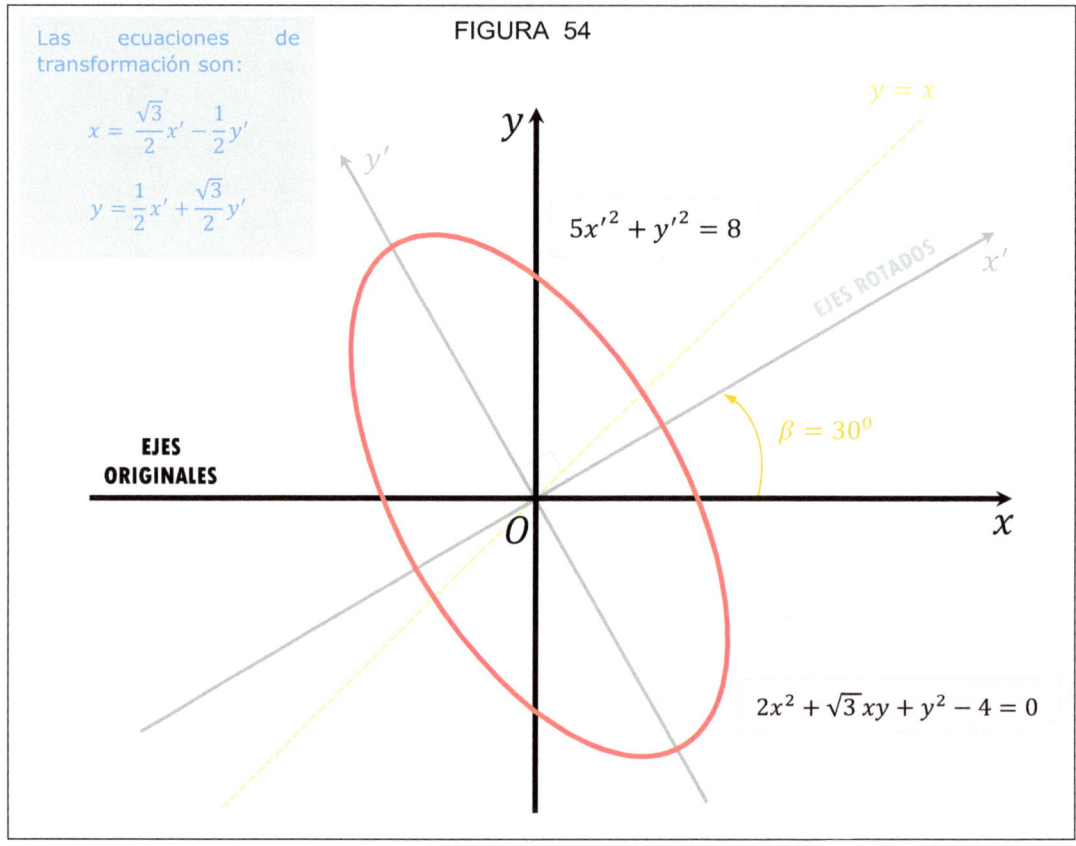

FIGURA 54

77. Traslación y rotación a la vez: Se trata de una simplificación de ecuaciones por transformación de coordenadas, pero ¿qué sucede si aplicamos ambas transformaciones? La respuesta es obvia, la simplificación es mayor. Iniciemos con una traslación de los ejes coordenados a un nuevo origen $O'(h,k)$, luego, una rotación de β grados de los ejes trasladados en torno a O', como se muestra en la figura 55.

TEOREMA 23: Traslación y rotación a la vez. Si realizamos simultáneamente una traslación y rotación de los ejes coordenados (en cualquier orden), y sea cualquier punto P cuyas coordenadas respecto a los sistemas original y final son (x,y) y (x'',y'') respectivamente, entonces las ecuaciones de transformación del sistema original al nuevo sistema están dadas por:

$$x = x''\cos\beta - y''\sen\beta + h \quad y = x''\sen\beta + y''\cos\beta + k.$$

78. Demostración: En la figura 55 se muestran los tres tipos de ejes. Sea P un punto cualquiera del plano coordenado, y sus coordenadas (x,y) referido a los ejes originales, (x',y') a los ejes trasladados y por último, (x'',y'') respecto a los ejes girados. Por el teorema 21 (traslación de ejes) y 22 (rotación de ejes), las ecuaciones de transformación son las siguientes:

$$x = x' + h \quad \text{y} \quad y = y' + k \quad \text{Ecuaciones de transformación del sistema original al sistema trasladado}$$

$$\text{Ecuaciones de transformación del sistema trasladado al sistema girado} \quad x' = x'' \cos\beta - y'' \operatorname{sen}\beta \quad \text{y} \quad y' = x'' \operatorname{sen}\beta + y'' \cos\beta.$$

A continuación, vamos a encontrar las ecuaciones de transformación del sistema original al sistema girado, para ello, sustituimos la segunda ecuación en la primera como sigue:

$$x = x' + h \;\to\; x = x'' \cos\beta - y'' \operatorname{sen}\beta + h$$

$$y = y' + k \;\to\; y = x'' \operatorname{sen}\beta + y'' \cos\beta + k.$$

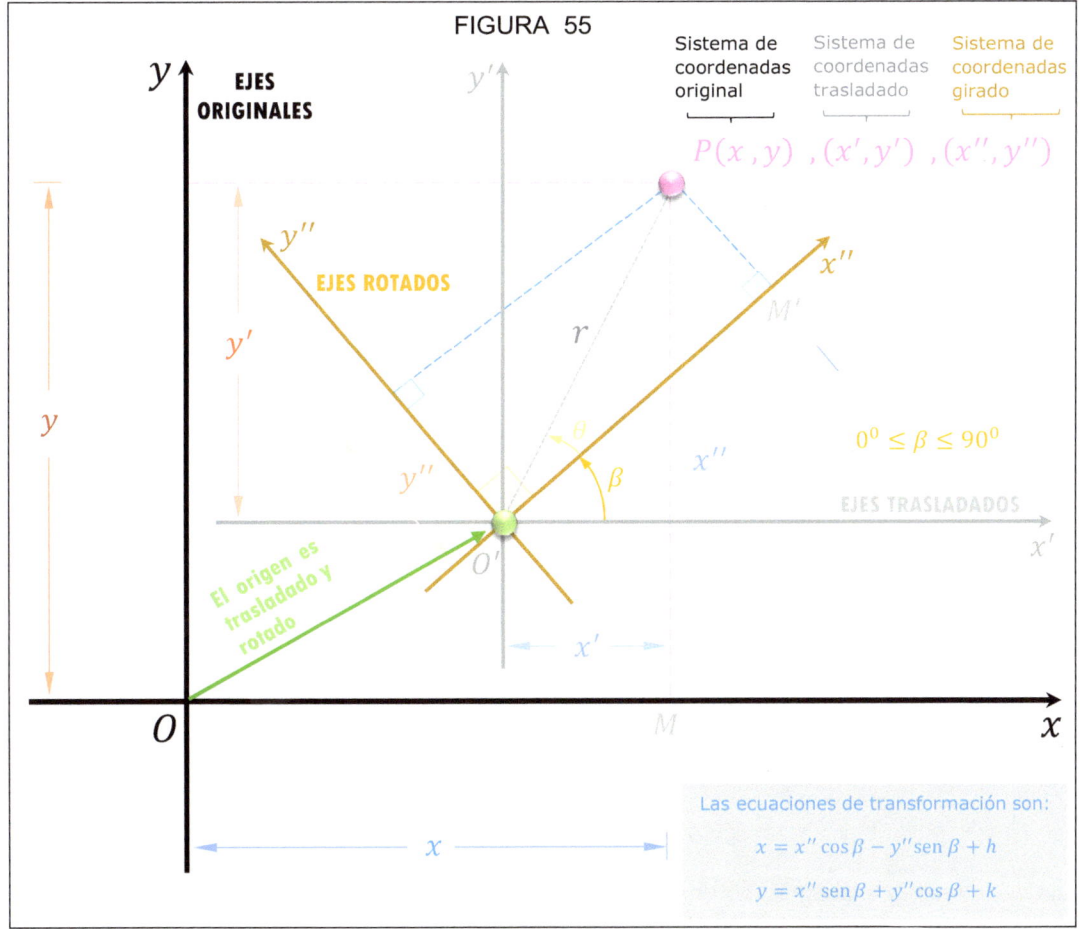

FIGURA 55

Las ecuaciones de transformación son:
$$x = x'' \cos\beta - y'' \operatorname{sen}\beta + h$$
$$y = x'' \operatorname{sen}\beta + y'' \cos\beta + k$$

Ejercicio 57:
Nueva ecuación y lugar geométrico. Realice la transformación de coordenadas para simplificar la ecuación $3x^2 - 2xy + 3y^2 - 2x - 10y + 9 = 0$. Adicionalmente, trace el lugar geométrico y todos los sistemas de ejes coordenados.

Pasos:

1. La figura 56, muestra del lugar geométrico y todos los sistemas de ejes coordenados.

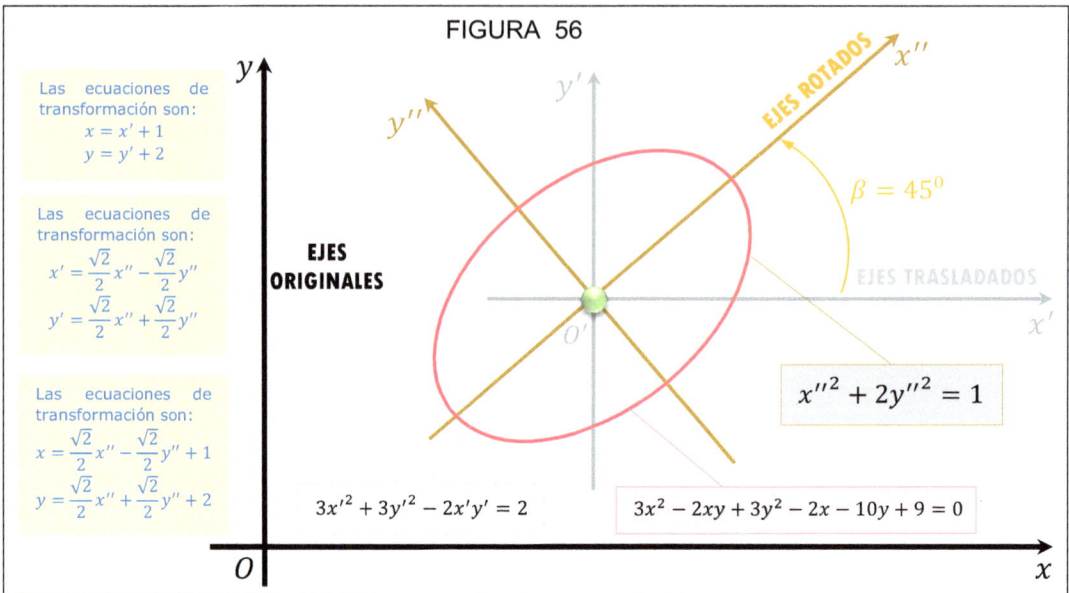

FIGURA 56

2. Note que la ecuación dada, tiene el término cruzado xy, o sea, no podrá formar un cuadrado perfecto. Por tanto, la primera parte consiste en trasladar los ejes a través del teorema 21 (traslación de ejes) con las ecuaciones de transformación, $x = x' + h$ y $y = y' + k$, así:

$$3(x'+h)^2 - 2(x'+h)(y'+k) + 3(y'+k)^2 - 2(x'+h) - 10(y'+k) + 9 = 0.$$

Luego de reducir la expresión, obtenemos:

$$3x'^2 + 3y'^2 - 2x'y' + (6h - 2k - 2)x' + (6k - 2h - 10)y' + 3h^2 + 3k^2 - 2hk - 2h - 10k + 9 = 0.$$

En este ejercicio no se específica el tipo de simplificación, por tanto, debemos efectuar la máxima simplificación posible, así, por ejemplo, que carezcan de términos de primer grado (se iguala a cero), así: $6h - 2k - 2 = 0$ y $6k - 2h - 10 = 0$ $\therefore$ $h = 1$ y $k = 2$.

3. Ahora, sustituimos en la ecuación anterior, hallando $3x'^2 + 3y'^2 - 2x'y' = 2$.

4. La segunda parte, consiste en girar los ejes coordenados que ya fue trasladado. Con las ecuaciones de transformación del teorema 22 (rotación de ejes) sustituimos en la ecuación del paso 3, $x' = x''\cos\beta - y''\sen\beta$ y $y' = x''\sen\beta + y''\cos\beta$, así:

$3(x''\cos\beta - y''\sen\beta)^2 + 3(x''\sen\beta + y''\cos\beta)^2 - 2(x''\cos\beta - y''\sen\beta)(x''\sen\beta + y''\cos\beta) = 2.$

Luego de reducir la expresión, obtenemos:

$(3\cos^2\beta - 2\sen\beta\cos\beta + 3\sen^2\beta)x''^2 + (2\sen^2\beta - 2\cos^2\beta)x''y'' + (3\sen^2\beta + 2\sen\beta\cos\beta + 3\cos^2\beta)y''^2 = 2.$

Al eliminar el producto cruzado $x''y''$ asumimos que el coeficiente es cero, hallamos $\beta = 45^0$.

5. Finalmente, con $\beta = 45^0$, sustituimos, reducimos, obteniendo la ecuación: $x''^2 + 2y''^2 = 1$.

Notas del lector

> Cuando sientas que todo se pone en tu contra, recuerda que un avión despega contra el viento, no a favor.
>
> HENRY FORD

Notas del lector

NOTEBOOK I

1.1. Sistemas de coordenadas

1.2. Línea recta

1.3. Ecuación de la circunferencia

1.4. Transformación de coordenadas

1.5. Secciones cónicas. Ecuación general de segundo grado de dos variables

1.6. Sistema de coordenadas polares

1.7. Ecuaciones paramétricas

2.1. Vectores en el plano

EJERCICIOS PROPUESTOS — SÓLO PARA TRIUNFADORES

1.4) Transformación de coordenadas

Comunicación matemática

54.- Indique si el enunciado es verdadero o falso. Justifique.

Enunciado	V o F	Justifique
Si los ejes se trasladan genera un proceso algebraico operativo entonces se obtienen ecuaciones más complicadas.		
La aplicación principal de la rotación de ejes es la eliminación del término xy de las ecuaciones de segundo grado.		
Las transformaciones de coordenadas tienen como objetivo simplificar la identificación de las ecuaciones y el trazo de ellas, a partir de la traslación y rotación de los ejes cartesianos.		
En general, una rotación gira una figura alrededor de un punto fijo, rotando cada punto el mismo número de grados.		
Si usted quiere eliminar el término cruzado xy de la ecuación general de segundo grado, debe realizar una traslación de ejes.		
El grado de una ecuación no se altera por transformación de coordenadas.		
En Geometría analítica se considera como artificio la sección de transformación de coordenadas que permite simplificar las ecuaciones de muchas curvas.		
Las ecuaciones de transformación son lineales.		
La traslación de los ejes coordenados se define como la operación de mover los ejes coordenados en el plano coordenado a una posición diferente, de tal forma que los nuevos ejes sean paralelos a los iniciales o primitivos, y dirigidos en el mismo sentido.		

55.- Responde las siguientes preguntas:

A) Determine la ecuación de la curva representada por $4x^2 + 4y^2 + 16x - 24y + 27 = 0$, si el origen es trasladado a $(-2, 3)$. Desarrolle en palabras, no realice ningún cálculo.

B) ¿Qué entiende por transformación? Escribe 5 ejemplos de la vida cotidiana.

C) ¿Por qué es más fácil trazar el lugar geométrico en los nuevos ejes coordenados x' y y', que trazar en los ejes originales x y y?

D) Respecto a la rotación (teorema 22- artículo 75 del libro 1): El ángulo β estará restringido al primer cuadrante, de manera que 2β se encontrará en el primero o en el segundo cuadrante, donde el coseno y la tangente de un ángulo tienen el mismo signo. De forma semejante, $\operatorname{sen}\beta$ y $\cos\beta$ no serán negativos. ¿Qué entiende por el párrafo?

_____
_____
_____
_____
_____
_____
_____

E) Amigo lector, imagine tener una ecuación de segundo grado en la cual los términos x^2, y^2 y xy forman un cuadrado perfecto, que recomienda: 1) trasladar primero y girar después o 2) viceversa. ¿Por qué?

_____
_____
_____
_____
_____
_____
_____
_____

F) ¿Usted cree que, si utiliza la traslación y rotación a la vez, se efectúa una simplificación mayor que empleando sólo uno de ellos? Argumente.

_____
_____
_____
_____
_____
_____
_____

56.- Responde las siguientes preguntas:

Pregunta	Responde
1. La ⋯ de los ejes coordenados consiste en ⋯ alrededor del origen, considerando fijos todos los puntos de plano, por lo que cada punto, excepto el origen, tendrá un nuevo par de ⋯ .	
2. ¿Qué representa la expresión? $5x'^2 + y'^2 = 8.$	
3. ¿Si los ejes se giran $30°$ las nuevas coordenadas del punto $(2,-4)$ son $(-2+\sqrt{3}, -1-2\sqrt{3})$?	
4. Con las fórmulas trigonométricas de adición y sustracción, desarrolle: $\cos(\beta + \theta)$ y $\sen(\beta + \theta)$.	
5. Escribe las ecuaciones de transformación del sistema trasladado al sistema girado.	
6. ¿A qué se denomina simplificación por transformación de coordenadas?	
7. ¿Por qué el grado de la ecuación transformada no puede ser mayor ni menor que de la ecuación original?	
8. La ecuación trasladada está dada por $x'^2 + y'^2 = 16$. ¿Cuál es la ecuación en los ejes originales con centro en $(-2,7)$?	
9. La ecuación $(x+5)^2 = 4p(y-3)$ una vez que se traslade a los nuevos ejes estaría dada por:	

57.- Ecuación de transformación. Amigo lector, se muestra dos gráficos de la misma función, se pide escribir las ecuaciones de transformación y además, dibuje los nuevos ejes.

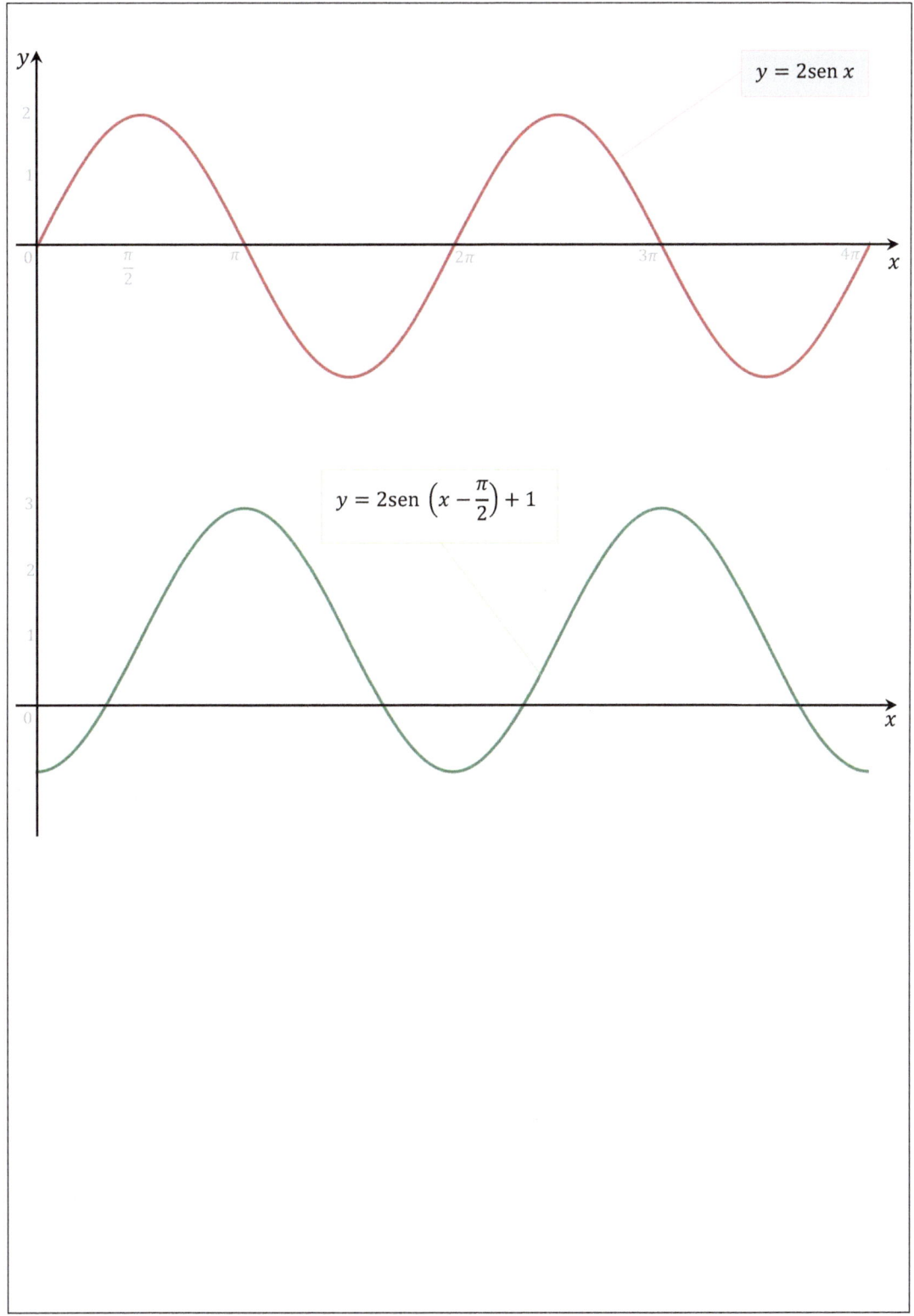

58.- Según el teorema 21 (traslación de ejes). Cuando se trasladan los ejes coordenados a un nuevo origen $O'(h,k)$ además, si las coordenadas de cualquier punto P antes y después de la traslación son (x,y) y (x',y') respectivamente, entonces las ecuaciones de transformación del sistema original al nuevo sistema de coordenadas son las siguientes:

$$x = x' + h \quad y \quad y = y' + k.$$

Se pide demostrar la fórmula y graficar los ejes originales y los nuevos ejes.

1) El origen de coordenadas $O(0,0)$ llévelo a $O'(h,k)$.
2) Luego, por el nuevo origen trace paralelas a los ejes coordenados originales.
3) Finalmente, determine distancias hasta hallar las ecuaciones de traslación pedidas.

59.- Según el teorema 22 (rotación de ejes). Cuando los ejes coordenados giran un ángulo θ respecto a su origen como centro de rotación, además, si las coordenadas de cualquier punto P antes y después de la rotación son (x, y) y (x', y') respectivamente, entonces las ecuaciones de transformación del sistema original al nuevo sistema de coordenadas son las siguientes:

$$x = x'\cos\beta - y'\operatorname{sen}\beta \quad \text{y} \quad y = x'\operatorname{sen}\beta + y'\cos\beta.$$

Se pide demostrar la fórmula y graficar los ejes originales y los nuevos ejes.

1) El origen de coordenadas $O(0,0)$ es el mismo en el nuevo sistema.
2) Luego, por el origen rote un ángulo β determinado, respecto a los ejes coordenados originales.
3) Finalmente, por P trace paralelas a los ejes originales, a los ejes nuevos y determine distancias.

Modelamiento y resolución matemática

60.- Traslación de ejes. Sea la ecuación $x^2 + y^2 - 4x + 6y - 3 = 0$, traslade los ejes para que la ecuación de la gráfica con respecto a x' y y' no contenga términos de primer grado.

1) Como siempre le sugiero, realice un bosquejo del enunciado del ejercicio.
2) Luego, use el método completando el cuadrado.
3) A continuación, use las ecuaciones de traslación de ejes: $x' = x - h$ y $y' = y - k$.
4) Finalmente, describe la ecuación con los nuevos ejes.

RTA. $x'^2 + y'^2 = 16$

61.- Traslación de ejes. Determine la ecuación de la curva $2x^2 + 3y^2 - 8x + 6y - 7 = 0$, cuando se traslade el origen de coordenadas al punto $(2, -1)$.

1) Realice un bosquejo del enunciado del ejercicio.
2) Luego, use el método general (consiste en sustituir: $x = x' + 2$ y $y = y' - 1$ en la ecuación dada, considerando que los términos de primer grado sean nulos) y el método completando el cuadrado (revise el ejercicio 54 de la sección 1.4 del libro 1).
3) Finalmente, describe la gráfica de la ecuación en los nuevos ejes.

RTA. $2x'^2 - 3y'^2 = 18$

62.- Traslación de ejes. A través de una traslación de los ejes coordenados, transformar la ecuación:

$$3x^2 - 4y^2 + 6x + 24y - 135 = 0,$$

en otra ecuación, en la cual los coeficientes de los términos de primer grado sean nulos. Además, trazar el lugar geométrico y ambos sistemas de ejes coordenados.

Proceda de forma similar al ejercicio precedente.

RTA. $3x'^2 - 4y'^2 = 102$

63.- Rotación de ejes. Deducir la ecuación de la parábola $x^2 - 2xy + y^2 + 2x - 4y + 3 = 0$, cuando se giran los ejes coordenados un ángulo de $45°$. Describe la cónica indicando sus elementos.

1) Realice un bosquejo del enunciado del ejercicio.
2) Luego, use las ecuaciones de transformación: $x = x'\cos\beta - y'\sen\beta$ y $y = x'\sen\beta + y'\cos\beta$.
3) Finalmente, sustituye x y y en la ecuación dada.

RTA. $2y'^2 - \sqrt{2}x' - 3\sqrt{2}y' + 3 = 0$

64.- Ángulo de rotación. Determine el ángulo de rotación de ejes necesario para eliminar el término cruzado xy de la ecuación $7x^2 - 6\sqrt{3}\,xy + 13y^2 - 16 = 0$.

1) Use las ecuaciones de transformación: $x = x'\cos\beta - y'\operatorname{sen}\beta$ y $y = x'\operatorname{sen}\beta + y'\cos\beta$.
2) Luego, sustituye x y y en la ecuación dada.
3) Finalmente, elimine $x'y'$ igualando a cero el coeficiente de dicho término y despeje el ángulo de rotación.

A modo de comprobación use el teorema de rotación de ejes para eliminar el término cruzado xy (artículo 117 de la sección 1.6). Si la ecuación general de segundo grado en x y y es de la forma:

$$Ax^2 + Bxy + Cy^2 + Dx + Ey + F = 0,$$

se cumple: $\tan 2\beta = \dfrac{B}{A-C}$, cuando $A \neq C$.

RTA. $\beta = 30^0$

65.- Miscelánea. Ángulo de rotación. Calcule las coordenadas del punto $P(x,y)$ en el sistema xy, si en el nuevo sistema $x'y'$ que se genera cuando los ejes originales giran un ángulo de $37°$, sus coordenadas son $P(25,5)$.

1) Use las ecuaciones de transformación: $x = x'\cos\beta - y'\sen\beta$ y $y = x'\sen\beta + y'\cos\beta$.
2) Luego, como conoce x' y y' sustituye en la ecuación anterior.
3) Finalmente, obtendrá x y y.

RTA. $P(17,19)$

66.- Miscelánea. Nuevas coordenadas. Halle las nuevas coordenadas del punto P en el nuevo sistema $x'y'$, el cual se obtiene a partir del sistema xy, cuando los ejes han rotado un ángulo 30^0 en sentido antihorario, si se sabe que las coordenadas de P en el sistema original son $P(4, 2\sqrt{3})$.

1) Bosqueje los ejes coordenados originales y nuevos.
2) Luego, de las ecuaciones de transformación: $x = x'\cos\beta - y'\sen\beta$ y $y = x'\sen\beta + y'\cos\beta$, despeje x' y y' (se conocen como fórmulas de rotación inversa).
3) A continuación, como conoce x y y sustituye en la ecuación anterior.
4) Finalmente, obtendrá x' y y'.

RTA. $P(3\sqrt{3}, 1)$

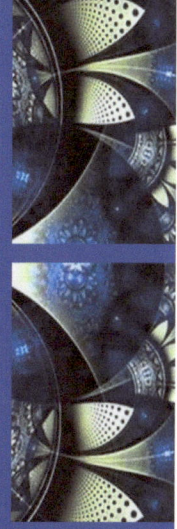

NOTEBOOK II

1.1. Sistemas de coordenadas

1.2. Línea recta

1.3. Ecuación de la circunferencia

1.4. Transformación de coordenadas

1.5. Secciones cónicas. Ecuación general de segundo grado de dos variables

1.6. Sistema de coordenadas polares

1.7. Ecuaciones paramétricas

2.1. Vectores en el plano

EJERCICIOS PROPUESTOS — SÓLO PARA TRIUNFADORES

Comunicación matemática

1.4) Transformación de coordenadas

48.- Indique si el enunciado es verdadero o falso. Justifique.

Enunciado	V o F	Justifique
La forma de una gráfica no es afectada por la posición de los ejes coordenados, pero su ecuación sí.		
Puedes describir una rotación dando el punto central, el número de grados, y la dirección.		
La traslación de los ejes coordenados en general, desliza la figura a lo largo de una trayectoria recta, moviendo cada punto la misma distancia en la misma dirección.		
La traslación de ejes tiene como ecuaciones: $x' = x + h$ y $y' = y + k$.		
La traslación es el procedimiento que consiste en mover los ejes coordenados paralelamente a sí mismos, permitiendo transformar las coordenadas (x, y) de un punto cualesquiera de una curva, en las coordenadas (x', y') resultando la ecuación de la curva más simple.		
¿El grado de la siguiente ecuación se altera por transformación de coordenadas: $2x^2 - 3xy + 4y^2 - 4x - 10y + 8 = 0$?		
Es más recomendable efectuar la traslación y rotación simultáneamente que en forma separada.		
Si el grado de la ecuación transformada fuese menor respecto a la ecuación original, por transformación de coordenadas, podríamos regresar la ecuación transformada a su forma original.		
Se conocen como fórmulas de rotación inversa: $x' = x \cos \beta + y \sen \beta$ $y' = -x \sen \beta + y \cos \beta$.		
Si usted tiene las funciones: $y = \cos x$ y $y = \cos\left(x - \frac{\pi}{6}\right) + 3$. Escribe las ecuaciones de transformación.		

49.- Responde las siguientes preguntas:

Pregunta	Responde
1. La ecuación $(x-2)^2 + (y+3)^2 = 16$ una vez que se traslade a los nuevos ejes está dada por:	
2. La ecuación trasladada está dada por $x'^2 = 4py'$. ¿Cuál es la ecuación en los ejes originales con vértice $(1,-5)$? Describe los elementos de la cónica.	
3. ¿Qué representan las siguientes ecuaciones? $x = x'\cos\beta - y'\sen\beta$ $y = x'\sen\beta + y'\cos\beta$.	
4. ¿Cree usted que una transformación de funciones es una transformación de coordenadas?	
5. ¿A qué se refiere que existe una "compensación en los cálculos" cuando se transforman los ejes originales x y y a los nuevos ejes x' y y'?	
6. A partir de la gráfica de $y = |x|$, realice una adecuada traslación de ejes y obtenga: $y = |x-1| + 1$.	
7. Escribe las ecuaciones de transformación del sistema original al sistema trasladado.	
8. Respecto a la rotación: ¿Por qué se hace girar los ejes coordenados un ángulo suficientemente grande para hacer coincidir dichos ejes con una recta dada fija cualquiera o para hacer que sea paralelo a ella en el plano coordenado? De acuerdo a lo indicado, en general, ¿Cuáles son los valores del ángulo de rotación β?	
9. Si los ejes se giran 30^0 las nuevas coordenadas son $(-2+\sqrt{3}, -1-2\sqrt{3})$. ¿Cuál es el punto original?	

50.- Responde las siguientes preguntas:

A) El punto Q dado, se obtuvo después de haber rotado los ejes coordenados un ángulo de $30°$. Determine las coordenadas originales de Q. No efectúe ningún cálculo, explíquelo en palabras.

$$Q\left(\frac{\sqrt{2}-3\sqrt{6}}{2}, \frac{\sqrt{2}+3\sqrt{6}}{2}\right).$$

B) Explique en qué consiste la traslación y rotación de ejes coordenados.

C) ¿Por qué es importante en la rotación de ejes, la eliminación del término xy de las ecuaciones de segundo grado?

51.- Traslación y rotación de ejes. Según el teorema 23 (traslación y rotación de ejes): Si realizamos simultáneamente una traslación y rotación de los ejes coordenados (en cualquier orden), y sea cualquier punto P cuyas coordenadas respecto a los sistemas original y final son (x,y) y (x'',y'') respectivamente, entonces las ecuaciones de transformación del sistema original al nuevo sistema están dadas por:

$$x = x''\cos\beta - y''\sen\beta + h \quad \text{y} \quad y = x''\sen\beta + y''\cos\beta + k.$$

Se pide demostrar la fórmula y graficar los ejes originales y los nuevos ejes.

1) El origen de coordenadas $O(0,0)$ llévelo a $O'(h,k)$.
2) Luego, por el nuevo origen rote un ángulo β respecto a los ejes coordenados trasladaos.
3) Finalmente, use las ecuaciones de transformación del sistema trasladado al sistema girado y sustitúyelo en las ecuaciones de transformación del sistema original al sistema trasladado.

Modelamiento y resolución matemática

52.- Traslación de ejes. Sean $x^2 + y^2 + x - 2y + 1 = 0$ y $x^2 + y^2 + 6x + 4y = 0$ las ecuaciones, traslade los ejes para que la ecuación de la gráfica con respecto a x' y y' no contenga términos de primer grado. Además, dibuje los ejes originales y los nuevos, así como la gráfica correspondiente.

1) Como siempre le sugiero, realice un bosquejo del enunciado del ejercicio.
2) Luego, use el método completando el cuadrado.
3) A continuación, use las ecuaciones de traslación de ejes: $x' = x - h$ y $y' = y - k$.
4) Finalmente, describe la ecuación con los nuevos ejes.

RTA. $x'^2 + y'^2 = 13$ y $x'^2 + y'^2 = \dfrac{1}{4}$

53.- Determinación de la ecuación del nuevo sistema. Los ejes coordenados originales han rotado un ángulo de 45^0 en sentido antihorario, para obtener un sistema de coordenadas $x'y'$. Halle la ecuación del nuevo sistema, si la ecuación en el sistema xy es $x^2 - xy + y^2 - 6 = 0$.

1) Use las ecuaciones de transformación: $x = x'\cos\beta - y'\operatorname{sen}\beta$ y $y = x'\operatorname{sen}\beta + y'\cos\beta$.
2) Luego, halle x y y en función de x' y y'.
3) Finalmente, conociendo x y y sustituye en la ecuación dada, obtendrá la nueva ecuación.

RTA. $\dfrac{x'^2}{12} - \dfrac{y'^2}{4} = 1$

54.- Eliminación del término cruzado. Elimine el término cruzado xy y encuentre la ecuación luego del giro de los ejes, si se sabe que: $3x^2 - 2\sqrt{3}\,xy + y^2 + 2x + 2\sqrt{3}\,y = 0$.

1) Use el teorema de rotación de ejes para eliminar el término xy (artículo 117 de la sección 1.6 del **libro 1**). Sea la ecuación general de segundo grado en x y y:

$$Ax^2 + Bxy + Cy^2 + Dx + Ey + F = 0.$$

2) Luego, identificando A, B y C puede hallar: $\tan 2\beta = \dfrac{B}{A-C}$, cuando $A \neq C$.
3) A continuación, use la fórmula de rotación de ejes: $x = x'\cos\beta - y'\sen\beta$ y $y = x'\sen\beta + y'\cos\beta$.
4) Finalmente, sustituye x y y en la ecuación dada.

RTA. $x' = -y'^2$

55.- Traslación y rotación de ejes. Luego de una traslación de ejes de coordenadas al nuevo origen $O'(4,7)$ y rotar los ejes un ángulo $\beta = \tan^{-1}(12/5)$, las coordenadas de un cierto punto R en el sistema xy se transforman en $(13,26)$. Determine las coordenadas de R en el sistema original.

1) Según el enunciado: el punto $R(13,26)$ corresponde al nuevo origen $O'(4,7)$, siendo su ángulo de rotación β.
2) Use la fórmula de traslación y rotación de ejes: $x = x''\cos\beta - y''\sin\beta + h$ y $y = x''\sin\beta + y''\cos\beta + k$, donde (h,k) son las coordenadas del nuevo origen: $O'(4,7)$
3) Finalmente, con $(x'',y'') = (13,26)$, el $\sin\beta$ y $\cos\beta$ sustituye x y y en la ecuación del paso 2.

RTA. $(-15,29)$

56.- Determinación del lugar geométrico. Transforme $x^3 - 3x^2 - y^2 + 3x + 4y - 5 = 0$, trasladando los ejes coordenados al nuevo origen $(1, 2)$. Además, trace el lugar geométrico y los sistemas de ejes.

1) Realice un bosquejo del enunciado del ejercicio.
2) Luego, use las ecuaciones de traslación: $x = x' + h$ y $y = y' + k$ en la ecuación dada.
3) Finalmente, describe la gráfica de la ecuación en los nuevos ejes.

RTA. Parábola semicúbica: $x'^3 - y'^2 = 0$

57.- Traslación de ejes. Por una traslación de ejes, simplifique $y^2 - 4x - 6y + 17 = 0$.

1) Realice un bosquejo del enunciado del ejercicio.
2) Luego, use el método general que consiste en sustituir: $x = x' + h$ y $y = y' + k$ en la ecuación dada.
3) Finalmente, con el objetivo de hallar h y k, iguale a cero los coeficientes de los términos lineales, si es que no se puede (debido a un coeficiente es diferente de cero), entonces considere el término independiente. Describe la gráfica de la ecuación en los nuevos ejes.

RTA. $y'^2 - 4x' = 0$

58.- Determinación del lugar geométrico. Por una rotación de los ejes coordenados transformar la ecuación dada, en otra que carezca del término en $x'y'$. Además, trazar el lugar geométrico y ambos sistemas de ejes de coordenadas:

$$9x^2 - 24xy + 16y^2 - 40x - 30y = 0.$$

1) Use la fórmula de rotación de ejes: $x = x'\cos\beta - y'\sen\beta$ y $y = x'\sen\beta + y'\cos\beta$. Sustituye en la ecuación dada. Simplifique y ordene convenientemente.
2) Luego, para que carezca del término en $x'y'$, su coeficiente debe ser cero.
3) A continuación, use $\sen 2\beta = 2\sen\beta\cos\beta$ y $\cos 2\beta = \cos^2\beta - \sen^2\beta$, para hallar $\tan 2\beta$.
4) Finalmente, halle $\sen\beta$ y $\cos\beta$ con las fórmulas dadas del ángulo mitad y sustituye en la ecuación obtenida del paso 1.

$$\sen^2\beta = \frac{1 - \cos 2\beta}{2} \quad y \quad \cos^2\beta = \frac{1 + \cos 2\beta}{2}.$$

RTA. $y'^2 - 2x' = 0$

59.- Rotación de ejes. Por una rotación de los ejes coordenados transformar la ecuación dada, en otra que carezca del término en $x'y'$. Además, trazar el lugar geométrico y ambos sistemas de ejes de coordenadas:

$$4x^2 + 4xy + y^2 + \sqrt{5}\,x = 1.$$

RTA. $5x'^2 + 2x' - y' - 1 = 0$

59.- Rotación de ejes. Por una rotación de los ejes coordenados transformar la ecuación dada, en otra que carezca del término en $x'y'$. Además, trazar el lugar geométrico y ambos sistemas de ejes de coordenadas:

$$2x^2 - 5xy + 2y^2 = 0.$$

RTA. $x' - 3y' = 0$ y $x' + 3y' = 0$

60.- Determinación de la ecuación original. Por una rotación de $45°$ de los ejes coordenados, una ecuación particular se transformó en $4x'^2 - 9y'^2 = 36$. Halle la ecuación original.

> 1) De las ecuaciones de transformación: $x = x'\cos\beta - y'\sen\beta$ y $y = x'\sen\beta + y'\cos\beta$, despeje x' y y'. A dichas ecuaciones se denominan inversas o recíprocas.
> 2) Luego, halle x' y y' en función de x y y.
> 3) Finalmente, conociendo x' y y' sustituye en la ecuación dada, obtendrá la ecuación original.
>
> RTA. $5x^2 - 26xy + 5y^2 + 72 = 0$

61.- Miscelánea. Determinación del lugar geométrico. Realice la transformación de coordenadas para simplificar la siguiente ecuación:

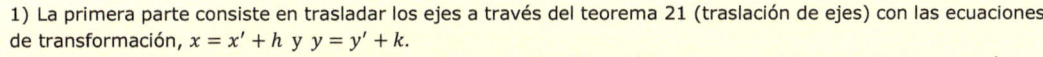

Adicionalmente, trace el lugar geométrico y todos los sistemas de ejes coordenados.

1) La primera parte consiste en trasladar los ejes a través del teorema 21 (traslación de ejes) con las ecuaciones de transformación, $x = x' + h$ y $y = y' + k$.
2) Luego, en este ejercicio no se específica el tipo de simplificación, por tanto, debemos efectuar la máxima simplificación posible, así por ejemplo, que carezcan de términos de primer grado (iguale a cero). Halle h y k, y sustituye en la ecuación que obtendrá en el paso 1.
3) A continuación, la segunda parte, consiste en girar los ejes coordenados que ya fue trasladado. Con las ecuaciones de transformación del teorema 22 (rotación de ejes) sustituye en la ecuación del paso 2, que usted ya obtuvo: $x' = x''\cos\beta - y''\text{sen}\,\beta$ y $y' = x''\text{sen}\,\beta + y''\cos\beta$. Halle el ángulo.
4) Finalmente, con β, sustituye, reduce y obtendrá la ecuación pedida.

RTA. $x''^2 + 4y''^2 - 4 = 0$

62.- Miscelánea. Determinación del lugar geométrico. Realice la transformación de coordenadas para simplificar la siguiente ecuación:

$$2x^2 + 2xy + 2y^2 - 2x - 10y + 11 = 0.$$

Adicionalmente, trace el lugar geométrico y todos los sistemas de ejes coordenados.

Proceda de forma similar al ejercicio precedente.

RTA. $3x''^2 + y''^2 - 3 = 0$

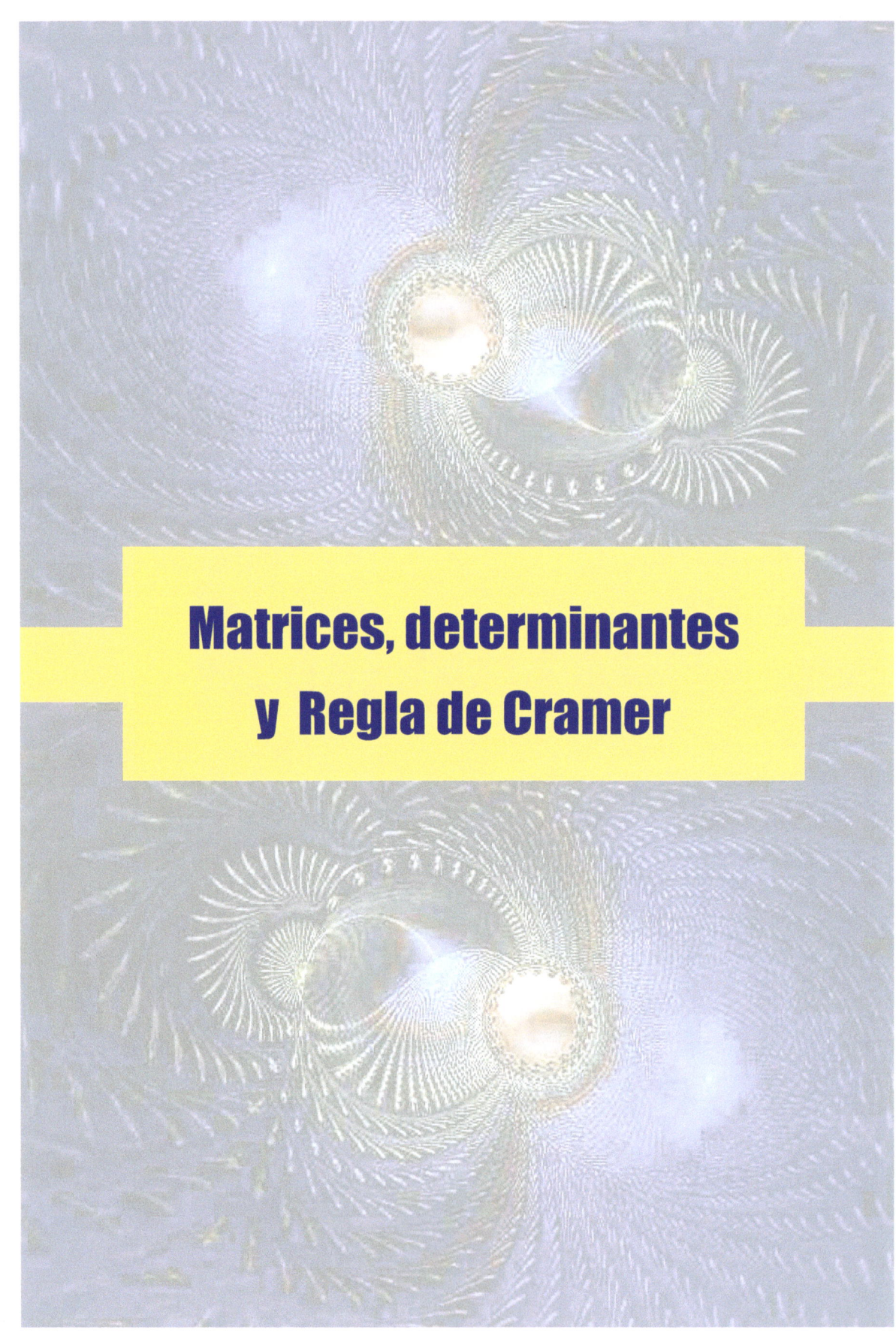

Matrices, determinantes y Regla de Cramer

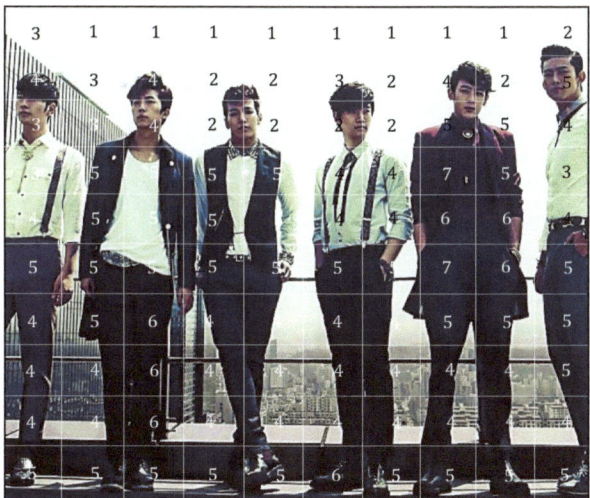

Una cámara digital o un escáner, convierte una imagen en una matriz, dividiendo la imagen en un acomodo rectangular de elementos denominados pixeles. A cada pixel se le asigna un valor que representa el color, la brillantez, etc. Por ejemplo, en una imagen en escala de grises de 256 niveles, a cada pixel se le asigna un valor de 0 a 255, donde el cero representa el blanco, 255 el negro y los números entre ellos una graduación creciente de grises (se toman promedios).

En la imagen se muestra una rejilla de 10x10 en escala de grises de 8 niveles, se asignan valores de 0 a 7, que se ubican en una matriz.

1. Introducción:

Amigo lector, para resolver los ejercicios de tipo práctico se suelen emplear los datos de dichos ejercicios con operaciones matemáticas, de tal manera, que la sistematización de los datos en forma adecuada como **bloques de números**, nos permitirá efectuar estas operaciones con orden y eficiencia.

Así tenemos, el siguiente caso: Se trata de una empresa que fabrica interruptores y tomacorrientes en las plantas de Arequipa y Lima, ahora suponga que la empresa quiere comparar el número de unidades (en miles) de estos productos que se obtienen en estas ciudades, en la primera quincena del mes de abril.

La TABLA 1 muestra la organización de los datos.

	Productos	
TABLA 1	Interruptor	Tomacorriente
Arequipa	458	578
Lima	648	425

Ciudades

Según la información, la producción quincenal de interruptores en Arequipa es 458 000 unidades, y de tomacorrientes en Lima es 425 000 unidades.

Usted puede apreciar en esta tabla una forma natural de un arreglo rectangular. Imaginariamente borre los encabezados y solo quédese con los datos, agréguele dos corchetes a la izquierda y derecha, obtendrá un arreglo denominado *matriz*. Tal como se muestra:

$$\begin{bmatrix} 458 & 578 \\ 648 & 425 \end{bmatrix}.$$

2. Definición de matriz:

Una matriz (array en inglés) es un arreglo o disposición rectangular de números reales denominados elementos o entradas, dispuestos en filas y columnas, encerrados en grandes paréntesis rectangulares conocidos como corchetes. Los elementos que se encuentran horizontalmente forman un renglón o fila, y los elementos ubicados de modo vertical constituyen una columna. Las matrices por lo regular se denotan con letras mayúsculas en negrita como: **A**, **B**, **C**, $\cdots$. La FIGURA 1 muestra la representación de una matriz de m filas y n columnas.

FIGURA 1

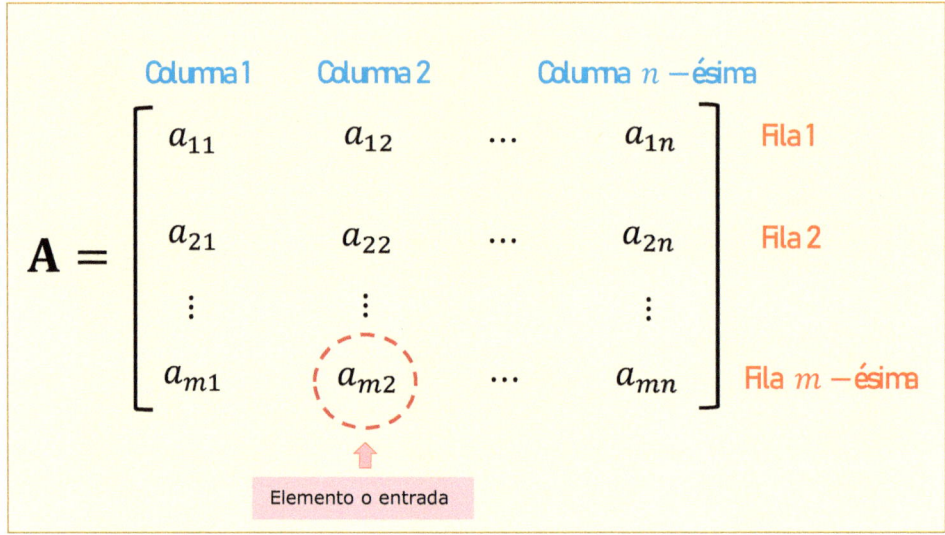

3. Notación de un elemento:

La notación de un elemento es a_{ij} donde el subíndice i representa la fila o renglón y el segundo subíndice j, la columna, es decir, nos permite conocer la posición del elemento dentro de la matriz, de la siguiente manera:

Las matrices fueron desarrolladas por Leibniz, Cauchy y Gauss durante el siglo XVIII.

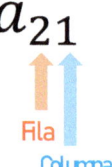

Interpretación:

El elemento a se encuentra en la segunda fila de la primera columna.

4. Notación de una matriz:

La matriz **A** de la FIGURA 1 en su forma abreviada se puede representar como sigue:

$$\mathbf{A} = [a_{ij}]$$

Amigo lector:
Es oportuno mencionar que las notaciones que representan matrices pueden variar, de acuerdo al autor, así, por ejemplo:
Haeussler: A; Arya: A; Demana: A; Soo Tang: A; Leithold: A Loa: **A**. **Todas son válidas.**

donde $i = 1, 2, \ldots m$ y $j = 1, 2, \ldots n$.

5. Orden de una matriz:

Siguiendo con la matriz **A** de la FIGURA 1, observamos que hay m filas y n columnas, por tanto, la matriz **A** es de orden mxn (se lee: m por n) siendo la notación $\mathbf{A}_{mxn}$.

Entonces podemos escribir la notación de la matriz tomando en cuenta el tamaño u orden de la siguiente forma:

$$\mathbf{A} = \left[a_{ij}\right]_{mxn}$$

Ejemplo ilustrativo 1:
Descripción de una matriz. La TABLA 2, muestra algunos ejemplos de matrices, el orden y el número de elementos.

TABLA 2

Matriz	N° de filas (m)	N° de columnas (n)	Orden (Tamaño de la matriz: mxn)	N° de elementos: $(m)(n)$
$\mathbf{A} = \begin{bmatrix} 1 & 2 & 3 \end{bmatrix}$	1	3	1x3	$(1)(3) = 3$
$\mathbf{B} = \begin{bmatrix} 0 \\ 8 \end{bmatrix}$	2	1	2x1	$(2)(1) = 2$
$\mathbf{C} = \begin{bmatrix} 3 & 5 \\ 7 & 9{,}2 \\ -2 & 4 \end{bmatrix}$	3	2	3x2	$(3)(2) = 6$
$\mathbf{D} = \begin{bmatrix} -4 & 7 & 10 \\ 259 & 74 & \sqrt[3]{7} \end{bmatrix}$	2	3	2x3	$(2)(3) = 6$
$\mathbf{E} = \begin{bmatrix} 5 \end{bmatrix}$	1	1	1x1	$(1)(1) = 1$

6. Identificación de los elementos:
La identificación de los elementos o entradas se establecen por la fila y columna que ocupan. La TABLA 3, muestra la matriz **F** de 4 filas o renglones y 3 columnas. Identifique los elementos: a_{12}, a_{21}, a_{42}, a_{25} y a_{67}.

TABLA 3

Matriz	Notación del elemento	Interpretación	El elemento es
	a_{12}	Primera fila, segunda columna	2
	a_{21}	Segunda fila, primera columna	0
$\mathbf{F} = \begin{bmatrix} 4 & 2 & 3 \\ 0 & -5 & 6 \\ 23 & 0 & 11 \\ 1 & 7 & 42 \end{bmatrix}_{4x3}$	a_{42}	Cuarta fila, segunda columna	7
	a_{25}	Segunda fila, quinta columna	No existe, no hay quinta columna
	a_{67}	Sexta fila, séptima columna	No existe, no hay sexta fila, ni séptima columna.

7. Tipos de elementos:

Cabe mencionar que los elementos de una matriz no necesariamente son números reales, pueden ser funciones, derivadas de funciones, vectores, etc. Así tenemos, la TABLA 4, que muestra un ejemplo de cada caso.

TABLA 4

Elementos o entradas			
De números	De funciones	De derivadas de funciones	Como un vector
$\mathbf{G} = \begin{bmatrix} -9 & 13 & 0 \\ 4 & 25 & 62 \\ 8 & 6 & 12 \end{bmatrix}_{3 \times 3}$	$\mathbf{M} = \begin{bmatrix} x^2 & e^{2x} \\ \text{sen } x & 4 \end{bmatrix}_{2 \times 2}$	$\mathbf{P} = \begin{bmatrix} 2x & 2e^{2x} \\ \cos x & 0 \end{bmatrix}_{2 \times 2}$	$\mathbf{D} = \begin{bmatrix} -1 \\ 1 \\ 2 \end{bmatrix}$

8. Construcción de matrices:

Es un procedimiento que consiste en obtener los elementos de la matriz, a partir de la información de fila (i) y columna (j) del elemento, acompañado generalmente de la ley de formación (que son operaciones algebraicas de las filas y columnas de los elementos).

Ejercicio 1:

Construcción de una matriz. Construya una matriz, si: $\mathbf{A} = [a_{ij}]$, si $\mathbf{A}$ es 2x2 y $a_{ij} = 4i + 2j$.

Pasos:

1. La notación de la matriz está dado por: $\mathbf{A} = [a_{ij}]_{2 \times 2}$, se trata de un arreglo que contiene 2 filas y 2 columnas. La ley de formación es la expresión: $a_{ij} = 4i + 2j$.

2. Luego, la matriz $\mathbf{A}$ representada en forma general está dada por:

$$\mathbf{A} = \begin{bmatrix} a_{11} & a_{12} \\ a_{21} & a_{22} \end{bmatrix}_{2 \times 2}.$$

3. A continuación, obtenemos cada elemento a partir de la ley de formación. La TABLA 5 muestra la notación del elemento en forma general, la fila y columna en que se encuentra, la ley de formación y finalmente la identificación del elemento.

TABLA 5

Matriz	Notación del elemento	i	j	$a_{ij} = 4i + 2j$	El elemento es
$\mathbf{A} = \begin{bmatrix} a_{11} & a_{12} \\ a_{21} & a_{22} \end{bmatrix}_{2 \times 2}$	a_{11}	1	1	$a_{11} = 4(1) + 2(1)$	6
	a_{12}	1	2	$a_{12} = 4(1) + 2(2)$	8
	a_{21}	2	1	$a_{21} = 4(2) + 2(1)$	10
	a_{22}	2	2	$a_{22} = 4(2) + 2(2)$	12

4. Finalmente, la matriz está dada por los siguientes elementos:

$$\mathbf{A} = \begin{bmatrix} 6 & 8 \\ 10 & 12 \end{bmatrix}_{2 \times 2}.$$

Ejercicio 2:

Construcción de una matriz. Si $\mathbf{B} = [b_{ij}]$ es de 12x10. ¿Cuántas entradas tiene $\mathbf{B}$? Si $b_{ij} = 1$ para $i = j$. Además $b_{ij} = 0$ para $i \neq j$. Encuentre b_{33} y b_{49}.

Pasos:

1. El número de elementos o entradas está dado por el producto del número de filas (m) y columnas (n) de la matriz, así: $(m)(n) = (12)(10) = 120$.

2. Luego, en este caso no será necesario escribir la matriz $\mathbf{B}$ en su forma general, por dos motivos: el primero por ser una matriz muy grande, y el segundo porque no será necesario, es decir, solo sigamos la ley de formación, que indica: Si $i = j$ el elemento es 1, pero si $i \neq j$ entonces, el elemento es 0.

La TABLA 6 muestra la notación del elemento, la fila y columna en que se encuentra, la condición y finalmente la identificación del elemento.

TABLA 6

Notación del elemento	i	j	Condición	El elemento es
b_{33}	3	3	Son iguales (3 = 3)	1
b_{49}	4	9	Son diferentes (4 ≠ 9)	0

3. Finalmente, los elementos son: $b_{33} = 1$ y $b_{49} = 0$.

9. Consideraciones:

1. Amigo lector, tenga cuidado con la notación siguiente:

$$a_{ij} \Rightarrow \text{es un elemento o entrada}$$

$$[a_{ij}] \Rightarrow \text{es una matriz representada de forma abreviada.}$$

2. Las filas se enumeran de arriba hacia abajo. Mientras que las columnas de izquierda a derecha.

3. Una matriz no tiene valor numérico, vale decir, no puede representarse con un número.

4. Tenga cuidado con el orden de los subíndices: $a_{ij} \neq a_{ji}$.

Ejercicio 3:

Construcción de una matriz. Sea la matriz $\mathbf{C} = [c_{ij}]_{3\times 2}$. La notación del elemento está dada por la expresión:

$$c_{ij} = \begin{cases} 2^{i+j} & ; i < j \\ i^2 + j^2 & ; i = j \\ 2^{i-j} & ; i > j \end{cases}.$$

Se pide construir la matriz.

Pasos:

1. En este caso es necesario representar de forma general la matriz **C** de 3 filas y 2 columnas, siendo 6, el número de elementos. Amigo lector, en lo sucesivo memorice los elementos en su forma general, sepa donde se encuentra el a_{11}, a_{22}, a_{32}, etc.

2. Luego, la TABLA 7 muestra el procedimiento para obtener los elementos de la matriz.

TABLA 7

Matriz	Notación del elemento	i	j	Condición	Ley de formación	El elemento es
$\mathbf{C} = \begin{bmatrix} c_{11} & c_{12} \\ c_{21} & c_{22} \\ c_{31} & c_{32} \end{bmatrix}_{3 \times 2}$	c_{11}	1	1	$(i = j)$	$i^2 + j^2 = 1^2 + 1^2$	2
	c_{12}	1	2	$(i < j)$	$2^{i+j} = 2^{1+2}$	8
	c_{21}	2	1	$(i > j)$	$2^{i-j} = 2^{2-1}$	2
	c_{22}	2	2	$(i = j)$	$i^2 + j^2 = 2^2 + 2^2$	8
	c_{31}	3	1	$(i > j)$	$2^{i-j} = 2^{3-1}$	4
	c_{32}	3	2	$(i > j)$	$2^{i-j} = 2^{3-2}$	2

3. Finalmente, la matriz **C** está dada por los siguientes elementos:

$$\mathbf{C} = \begin{bmatrix} 2 & 8 \\ 2 & 8 \\ 4 & 2 \end{bmatrix}_{3 \times 2}$$

10. Transpuesta de una matriz:

La transpuesta de la matriz $\mathbf{A} = [a_{ij}]_{mxn}$ o simplemente $\mathbf{A}_{mxn}$, denotado por $\mathbf{A}^T$ es la matriz construida a partir de la matriz **A**, intercambiando las filas por columnas, es decir, la i–ésima fila de **A** en la i–ésima columna de $\mathbf{A}^T$. Si la matriz **A** es de orden mxn, su transpuesta $\mathbf{A}^T$ será nxm.

Ejercicio 4:

Determinación de la transpuesta de una matriz. Halle $\mathbf{B}^T$ si se conoce la matriz $\mathbf{B} = \begin{bmatrix} 4 & 1 & 7 \\ 6 & 3 & 5 \end{bmatrix}$.

Pasos:

1. La matriz **B** es de 2x3, entonces el orden de $\mathbf{B}^T$ es 3x2.

2. Luego, el intercambio sería el siguiente: la fila 1 de la matriz **B** se convierte en la primera columna de $\mathbf{B}^T$, la fila 2 se convierte en la columna 2.

3. Finalmente, la transpuesta es $\mathbf{B}^T = \begin{bmatrix} 4 & 6 \\ 1 & 3 \\ 7 & 5 \end{bmatrix}$.

Note que las filas de $\mathbf{B}^T$ son las columnas de **B**.

Ejercicio 5:

Determinación de la transpuesta de una matriz. Halle **D** si se conoce la matriz $\mathbf{D}^T = \begin{bmatrix} 1 & 2 \\ 4 & 5 \\ 8 & 9 \end{bmatrix}$.

Pasos:

1. La matriz $\mathbf{D}^T$ es de 3x2, entonces el orden de **D** es 2x3.

2. Luego, el intercambio sería el siguiente: la columna 1 de la matriz $\mathbf{D}^T$ se convierte en la fila 1 de **D**, mientras que la columna 2 se convierte en la fila 2.

3. Finalmente, la matriz es $\mathbf{D} = \begin{bmatrix} 1 & 4 & 8 \\ 2 & 5 & 9 \end{bmatrix}$. Note que las filas de **D** son las columnas de $\mathbf{D}^T$.

11. Propiedades de la matriz transpuesta: La TABLA 8 muestra las propiedades de la matriz transpuesta, el ejemplo ilustrativo y la interpretación.

TABLA 8

Propiedad	Ejemplo ilustrativo	Interpretación
$(\mathbf{A}^T)^T = \mathbf{A}$	$\mathbf{A} = \begin{bmatrix} 5 & 4 \\ 2 & 0 \end{bmatrix}_{2x2} \to \mathbf{A}^T = \begin{bmatrix} 5 & 2 \\ 4 & 0 \end{bmatrix}_{2x2} \therefore (\mathbf{A}^T)^T = \begin{bmatrix} 5 & 4 \\ 2 & 0 \end{bmatrix}_{2x2}$	La transpuesta de una matriz transpuesta, es la matriz.
$(\mathbf{B} + \mathbf{C})^T = \mathbf{B}^T + \mathbf{C}^T$	$\mathbf{B} = \begin{bmatrix} 2 & 7 \\ 5 & 3 \end{bmatrix}_{2x2} \to \mathbf{B}^T = \begin{bmatrix} 2 & 5 \\ 7 & 3 \end{bmatrix}_{2x2}$ y $\mathbf{C} = \begin{bmatrix} 8 & 9 \\ 1 & 2 \end{bmatrix}_{2x2} \to \mathbf{C}^T = \begin{bmatrix} 8 & 1 \\ 9 & 2 \end{bmatrix}_{2x2}$ $\mathbf{B}^T + \mathbf{C}^T = \begin{bmatrix} 2 & 5 \\ 7 & 3 \end{bmatrix}_{2x2} + \begin{bmatrix} 8 & 1 \\ 9 & 2 \end{bmatrix}_{2x2} = \begin{bmatrix} 10 & 6 \\ 16 & 5 \end{bmatrix}_{2x2}$ $\mathbf{B} + \mathbf{C} = \begin{bmatrix} 2 & 7 \\ 5 & 3 \end{bmatrix}_{2x2} + \begin{bmatrix} 8 & 9 \\ 1 & 2 \end{bmatrix}_{2x2} = \begin{bmatrix} 10 & 16 \\ 6 & 5 \end{bmatrix}_{2x2}$ $(\mathbf{B} + \mathbf{C})^T = \begin{bmatrix} 10 & 6 \\ 16 & 5 \end{bmatrix}_{2x2}$	La transpuesta de la suma de matrices, es la suma de la transpuesta de dichas matrices. También cumple con la diferencia, de la siguiente manera: $(\mathbf{B} - \mathbf{C})^T = \mathbf{B}^T - \mathbf{C}^T$
$(k.\mathbf{D})^T = k.\mathbf{D}^T,$ $k \in \mathbb{R}$	$k = 2$ y $\mathbf{D} = \begin{bmatrix} -1 & 2 \\ 8 & 5 \\ 7 & 3 \end{bmatrix}_{3x2} \to k.\mathbf{D} = \begin{bmatrix} -2 & 4 \\ 16 & 10 \\ 14 & 6 \end{bmatrix}_{3x2}$ $(k.\mathbf{D})^T = \begin{bmatrix} -2 & 16 & 14 \\ 4 & 10 & 6 \end{bmatrix}_{2x3}$ $k.\mathbf{D}^T = 2\begin{bmatrix} -1 & 8 & 7 \\ 2 & 5 & 3 \end{bmatrix}_{2x3} = \begin{bmatrix} -2 & 16 & 14 \\ 4 & 10 & 6 \end{bmatrix}_{2x3}$	La transpuesta del producto de un número real con una matriz, está dado por el producto de dicho número por la transpuesta de la matriz.

12. Determinante de una matriz:

Es una función que se deduce de una matriz cuadrada, multiplicando y sumando entre sí los elementos para obtener un sólo número. Es decir, a cada matriz de nxn o matriz cuadrada, se le puede asociar un número real denominado su **determinante**. El determinante de la matriz **A** se denota encerrando la matriz entre barras verticales |**A**|, det(**A**), det(A) y también con el símbolo ∆ (delta). Sea la matriz **A** de 2x2:

$$\underbrace{\mathbf{A} = \begin{bmatrix} -8 & 5 \\ 2 & 3 \end{bmatrix}}_{\text{Matriz}} \rightarrow \underbrace{|\mathbf{A}| = \begin{vmatrix} -8 & 5 \\ 2 & 3 \end{vmatrix}}_{\text{Determinante}}.$$

13. Determinante de una matriz de orden 2:

El determinante de una matriz 2x2 es un determinante de orden 2. Está definido de la siguiente manera:

$$\mathbf{A} = \begin{bmatrix} a_{11} & a_{12} \\ a_{21} & a_{22} \end{bmatrix} \implies |\mathbf{A}| = \begin{vmatrix} a_{11} & a_{12} \\ a_{21} & a_{22} \end{vmatrix} = (+a_{11}a_{22}) - (a_{21}a_{12})$$

14. Interpretación de la fórmula del determinante de orden 2:

El determinante está dado por el producto de $a_{11}a_{22}$ (elementos de la diagonal principal) menos el producto de los elementos $a_{21}a_{12}$ de la diagonal secundaria. Los símbolos + y − indican los signos referidos a los productos.

Ejemplo ilustrativo 2:

Cálculo de determinantes. Obtenga los determinantes:

a) $\mathbf{A} = \begin{bmatrix} -3 & 7 \\ 1 & 6 \end{bmatrix} \rightarrow |\mathbf{A}| = \begin{vmatrix} -3 & 7 \\ 1 & 6 \end{vmatrix} = (-3)(6) - (1)(7) = -25$

b) $\mathbf{B} = \begin{bmatrix} 1 & 4 \\ 0 & 5 \end{bmatrix} \rightarrow \det(\mathbf{B}) = \begin{vmatrix} 1 & 4 \\ 0 & 5 \end{vmatrix} = (1)(5) - (0)(4) = 5.$

15. Determinante de una matriz de orden 3:

El determinante de una matriz 3x3 tiene un desarrollo completo y está definido de la siguiente manera:

$$\mathbf{A} = \begin{bmatrix} a_{11} & a_{12} & a_{13} \\ a_{21} & a_{22} & a_{23} \\ a_{31} & a_{32} & a_{33} \end{bmatrix} \implies |\mathbf{A}| = \begin{vmatrix} a_{11} & a_{12} & a_{13} & a_{12} & a_{13} \\ a_{21} & a_{22} & a_{23} & a_{22} & a_{23} \\ a_{31} & a_{32} & a_{33} & a_{32} & a_{33} \end{vmatrix}$$

6 factores o elementos

$$|\mathbf{A}| = [a_{11}a_{22}a_{33} + a_{12}a_{23}a_{32} + a_{13}a_{22}a_{33}] - [a_{31}a_{22}a_{13} + a_{32}a_{23}a_{12} + a_{33}a_{22}a_{13}]$$

3 términos positivos   3 términos negativos

16. Interpretación de la fórmula del determinante de orden 3:

La expresión (fórmula) se denomina desarrollo completo del determinante de tercer orden. Note, que contiene seis términos: tres positivos y tres negativos, además, cada término consta de tres factores o elementos del determinante.

Ejemplo ilustrativo 3:
Cálculo de determinantes. Determine los siguientes determinantes:

a) $\mathbf{A} = \begin{bmatrix} -3 & 0 & 2 \\ 4 & 1 & 3 \\ 2 & 0 & 5 \end{bmatrix} \rightarrow \Delta = |\mathbf{A}| = \begin{vmatrix} -3 & 0 & 2 \\ 4 & 1 & 3 \\ 2 & 0 & 5 \end{vmatrix} \begin{matrix} -3 & 0 \\ 4 & 1 \\ 2 & 0 \end{matrix}$

$$|\mathbf{A}| = [(-3)(1)(5) + (0)(3)(2) + (2)(4)(0)] - [(2)(1)(2) + (0)(3)(-3) + (5)(4)(0)]$$

$$\therefore |\mathbf{A}| = -19.$$

b) $\mathbf{B} = \begin{bmatrix} 2 & 1 & -4 \\ 0 & 4 & 2 \\ 5 & 1 & 3 \end{bmatrix} \rightarrow \Delta = |\mathbf{B}| = \begin{vmatrix} 2 & 1 & -4 \\ 0 & 4 & 2 \\ 5 & 1 & 3 \end{vmatrix} \begin{matrix} 2 & 1 \\ 0 & 4 \\ 5 & 1 \end{matrix}$

$$|\mathbf{B}| = [(2)(4)(3) + (1)(2)(5) + (-4)(0)(1)] - [(5)(4)(-4) + (1)(2)(2) + (3)(0)(1)]$$

$$\therefore |\mathbf{B}| = 110.$$

17. Matriz identidad:

Denominado también como matriz unidad, es un caso particular de la matriz escalar. La matriz identidad $\mathbf{I}$ (matriz cuadrada) de orden $nxn, (n \geq 2)$, el cual se denota como $\mathbf{I}_{nxn}$, o simplemente $\mathbf{I}_n$. Es una matriz que presenta el número uno en toda la diagonal principal (de arriba a la izquierda hasta abajo a la derecha) y el número cero en el resto de las entradas (elementos).

Veamos los siguientes ejemplos ilustrativos:

$\mathbf{I}_2 = \begin{bmatrix} 1 & 0 \\ 0 & 1 \end{bmatrix}$	$\mathbf{I}_3 = \begin{bmatrix} 1 & 0 & 0 \\ 0 & 1 & 0 \\ 0 & 0 & 1 \end{bmatrix}$	$\mathbf{I}_4 = \begin{bmatrix} 1 & 0 & 0 & 0 \\ 0 & 1 & 0 & 0 \\ 0 & 0 & 1 & 0 \\ 0 & 0 & 0 & 1 \end{bmatrix}$

18. Transpuesta de la matriz identidad:
Se cumple que la matriz identidad $\mathbf{I}$ es igual a la matriz identidad transpuesta $\mathbf{I}^T$.

$$\mathbf{I} = \mathbf{I}^T.$$

Amigo lector: Para una matriz identidad de tamaño conocido, suele denotarse solo como $\mathbf{I}$.

Ejemplo ilustrativo 4:
Transpuesta de una matriz identidad. Halle la transpuesta de la matriz identidad si:

$$I = \begin{bmatrix} 1 & 0 \\ 0 & 1 \end{bmatrix} \rightarrow I^T = \begin{bmatrix} 1 & 0 \\ 0 & 1 \end{bmatrix}.$$

19. Propiedades del determinante: La TABLA 9 muestra las propiedades del determinante de orden $n \times n$, la formalización y el ejemplo ilustrativo.

TABLA 9

Propiedad	Formalización	Ejemplo ilustrativo
El determinante de una matriz es igual al determinante de su matriz transpuesta.	$\|\mathbf{A}\| = \|\mathbf{A^T}\|$	$\mathbf{A} = \begin{bmatrix} 5 & 2 \\ -1 & 3 \end{bmatrix} \rightarrow \|\mathbf{A}\| = \begin{vmatrix} 5 & 2 \\ -1 & 3 \end{vmatrix} = (5)(3) - (-1)(2) = 17$ $\mathbf{A^T} = \begin{bmatrix} 5 & -1 \\ 2 & 3 \end{bmatrix} \rightarrow \|\mathbf{A^T}\| = \begin{vmatrix} 5 & -1 \\ 2 & 3 \end{vmatrix} = (5)(3) - (2)(-1) = 17$
El determinante de una matriz es igual al negativo de dicha determinante. Se produce cuando se intercambian dos filas o dos columnas.	$\|\mathbf{A}\| = -\|\mathbf{A}\|$	$\mathbf{A} = \begin{bmatrix} -4 & 1 \\ 2 & 4 \end{bmatrix} \rightarrow \|\mathbf{A}\| = \begin{vmatrix} -4 & 1 \\ 2 & 4 \end{vmatrix} = (-4)(4) - (2)(1) = -18$ $\|\mathbf{A}\| = \begin{vmatrix} 2 & 4 \\ -4 & 1 \end{vmatrix} = (2)(1) - (-4)(4) = 18$ $\|\mathbf{A}\| = \begin{vmatrix} 1 & -4 \\ 4 & 2 \end{vmatrix} = (1)(2) - (4)(-4) = 18$
Si una matriz tiene una fila o columna cuyos elementos son todos ceros, entonces su determinante es cero.	$\|\mathbf{A}\| = 0$	$\mathbf{A} = \begin{bmatrix} 6 & -2 \\ 0 & 0 \end{bmatrix} \rightarrow \|\mathbf{A}\| = \begin{vmatrix} 6 & -2 \\ 0 & 0 \end{vmatrix} = (6)(0) - (0)(-2) = 0$
Si una matriz tiene dos filas o columnas iguales, su determinante es cero.	$\|\mathbf{A}\| = 0$	$\mathbf{A} = \begin{bmatrix} 3 & 3 & 1 \\ 3 & 3 & 4 \\ 3 & 3 & 2 \end{bmatrix} \rightarrow \|\mathbf{A}\| = 0$
Si en una matriz se tiene que una fila (o columna) es múltiplo de otra fila (o columna) su determinante es cero.	$\|\mathbf{A}\| = 0$	$\mathbf{A} = \begin{bmatrix} 3 & 7 \\ 6 & 14 \end{bmatrix} \rightarrow \|\mathbf{A}\| = \begin{vmatrix} 3 & 7 \\ 6 & 14 \end{vmatrix} = 42 - 42 = 0$
Si en una matriz todos los elementos de una fila (o columna) son multiplicados por un escalar k.	$\|k\mathbf{A}\| = k^n\|\mathbf{A}\|$ (n es el orden de la matriz)	$\mathbf{A} = \begin{bmatrix} 1 & 2 \\ 3 & 4 \end{bmatrix}_{2 \times 2} \rightarrow \|\mathbf{A}\| = -2$, multiplicamos la matriz $\mathbf{A}$ por $k = 3$: $3\mathbf{A} = \begin{bmatrix} 3 & 6 \\ 9 & 12 \end{bmatrix} \rightarrow \|3\mathbf{A}\| = -18 \therefore \|3\mathbf{A}\| = 3^2\|\mathbf{A}\| = 9(-2) = -18$
El determinante de un producto es igual al producto de sus determinantes.	$\|\mathbf{A}\,\mathbf{B}\| = \|\mathbf{A}\|\|\mathbf{B}\|$	$\mathbf{A} = \begin{bmatrix} 1 & 2 \\ 0 & 3 \end{bmatrix}$ y $\mathbf{B} = \begin{bmatrix} 2 & 0 \\ 3 & 1 \end{bmatrix} \rightarrow \mathbf{A}\,\mathbf{B} = \begin{bmatrix} 8 & 2 \\ 9 & 3 \end{bmatrix} \therefore \|\mathbf{AB}\| = 6.$

20. Menores y cofactores: Amigo lector, cuando evaluamos un determinante de orden 3, generalmente aplicamos el desarrollo completo (artículo 15), ahora utilizaremos el método de los cofactores que nos permitirá calcular el determinante de una matriz de orden 3x3.

21. Menores: Es una submatriz de orden $n-1$, obtenida de la matriz original. El menor de un elemento a_{ij} de un determinante de la matriz **A**, es igual al determinante que se obtiene eliminando la fila i y columna j, donde se encuentra dicho elemento. Se denota como $\mathbf{M}_{ij}$.

22. Cofactores: El cofactor del elemento a_{ij} es igual a $(-1)^{i+j}$ veces su menor, se denota como $\mathbf{A}_{ij}$, y está definido de la siguiente manera:

$$\mathbf{A}_{ij} = (-1)^{i+j}|\mathbf{M}_{ij}| \implies \mathbf{A}_{ij} = \pm|\mathbf{M}_{ij}|.$$

donde $(-1)^{i+j}$ es el Signo (con $i+j$: Puede ser par o impar) y $|\mathbf{M}_{ij}|$ es el Menor.

La diferencia entre el menor y cofactor de un elemento a_{ij} es tan sólo el signo.

Ejemplo ilustrativo 5:
Determinación de cofactores. Halle los cofactores de una matriz **A**. Los datos se encuentran en la TABLA 10, consideremos el signo, los menores, las filas y columnas que se eliminarán.

TABLA 10

Datos	i	j	$i+j$	Signo: $(-1)^{i+j}$	Menor	Se elimina	Cofactor
$\mathbf{A}_{12}$	1	2	3	-1	$\mathbf{M}_{12}$	Primera fila y segunda columna	$\mathbf{A}_{12} = -\mathbf{M}_{12}$
$\mathbf{A}_{22}$	2	2	4	1	$\mathbf{M}_{22}$	Segunda fila y segunda columna	$\mathbf{A}_{22} = \mathbf{M}_{22}$
$\mathbf{A}_{32}$	3	2	5	-1	$\mathbf{M}_{32}$	Tercera fila y segunda columna	$\mathbf{A}_{32} = -\mathbf{M}_{32}$
$\mathbf{A}_{43}$	4	3	7	-1	$\mathbf{M}_{43}$	Cuarta fila y tercera columna	$\mathbf{A}_{43} = -\mathbf{M}_{43}$

23. Desarrollo de un determinante por cofactores: El determinante de la matriz cuadrada $\mathbf{A} = [a_{ij}]_{n \times n}$ es igual a la suma de los productos de los elementos de cualquier fila (o columna) por sus respectivos cofactores. Amigo lector, debe elegir una fila (o una columna) con la mayor cantidad de ceros de la matriz **A**:

$$\mathbf{A} = \begin{bmatrix} a_{11} & a_{12} & a_{13} \\ a_{21} & a_{22} & a_{23} \\ a_{31} & a_{32} & a_{33} \end{bmatrix}$$

a) Si usted elige la fila $i=1$ el desarrollo del determinante por filas, está dado por la siguiente fórmula:

$$|\mathbf{A}| = a_{11}\mathbf{A}_{11} + a_{12}\mathbf{A}_{12} + a_{13}\mathbf{A}_{13}$$

b) Si usted elige la columna $j=1$ el desarrollo del determinante por columnas, está dado por la siguiente fórmula:

$$|\mathbf{A}| = a_{11}\mathbf{A}_{11} + a_{21}\mathbf{A}_{21} + a_{31}\mathbf{A}_{31}$$

La regla de signos para los COFACTORES de una matriz de 3x3, está dado por:

$$\mathbf{A}_{ij} = \begin{bmatrix} + & - & + \\ - & + & - \\ + & - & + \end{bmatrix}$$

Ejercicio 6:

Cálculo del determinante por cofactores. Calcule el |A| expandiendo a partir de la primera fila si se tiene:
$$A = \begin{bmatrix} 2 & -5 & 3 \\ 1 & 4 & 0 \\ -1 & 3 & 6 \end{bmatrix}.$$

Pasos:

1. Seleccionemos la primera fila: $a_{11} = 2$, $a_{12} = -5$ y $a_{13} = 3$.

2. Luego, obtenemos los cofactores de la primera fila (tabla 11):

TABLA 11

El cofactor del elemento	El menor $|M_{ij}|$	Se elimina	$A_{ij} = (-1)^{i+j} |M_{ij}|$	El cofactor A_{ij}
El cofactor de a_{11} es A_{11}	M_{11}	La primera fila y la primera columna	$A_{11} = (-1)^{1+1} \begin{vmatrix} 2 & -5 & 3 \\ 1 & 4 & 0 \\ -1 & 3 & 6 \end{vmatrix}$	$A_{11} = +\begin{vmatrix} 4 & 0 \\ 3 & 6 \end{vmatrix} = +24$
El cofactor de a_{12} es A_{12}	M_{12}	La primera fila y la segunda columna	$A_{12} = (-1)^{1+2} \begin{vmatrix} 2 & -5 & 3 \\ 1 & 4 & 0 \\ -1 & 3 & 6 \end{vmatrix}$	$A_{12} = -\begin{vmatrix} 1 & 0 \\ -1 & 6 \end{vmatrix} = -6$
El cofactor de a_{13} es A_{13}	M_{13}	La primera fila y la tercera columna	$A_{13} = (-1)^{1+3} \begin{vmatrix} 2 & -5 & 3 \\ 1 & 4 & 0 \\ -1 & 3 & 6 \end{vmatrix}$	$A_{13} = +\begin{vmatrix} 1 & 4 \\ -1 & 3 \end{vmatrix} = +7$

3. Finalmente, con la fórmula conocida (artículo 23): Los signos de los cofactores se alternan: $+, -, +$

$$|A| = a_{11}A_{11} + a_{12}A_{12} + a_{13}A_{13} \rightarrow |A| = (2)(+24) + (-5)(-6) + (3)(+7) \quad \therefore |A| = 99.$$

Ejercicio 7:

Cálculo del determinante por cofactores. Calcule el |A| desarrollando la primera columna si se tiene:
$$A = \begin{bmatrix} 2 & -5 & 3 \\ 1 & 4 & 0 \\ -1 & 3 & 6 \end{bmatrix}.$$

Pasos:

1. Ahora seleccionemos la primera columna: $a_{11} = 2$; $a_{21} = 1$ y $a_{31} = -1$.

2. Luego, obtenemos los cofactores de la primera columna (tabla 12):

TABLA 12

El cofactor del elemento	El menor $|M_{ij}|$	Se elimina	$A_{ij} = (-1)^{i+j} |M_{ij}|$	El cofactor A_{ij}
El cofactor de a_{11} es A_{11}	M_{11}	La primera fila y la primera columna	$A_{11} = (-1)^{1+1} \begin{vmatrix} 2 & -5 & 3 \\ 1 & 4 & 0 \\ -1 & 3 & 6 \end{vmatrix}$	$A_{11} = \begin{vmatrix} 4 & 0 \\ 3 & 6 \end{vmatrix} = 24$
El cofactor de a_{21} es A_{21}	M_{21}	La segunda fila y la primera columna	$A_{21} = (-1)^{2+1} \begin{vmatrix} 2 & -5 & 3 \\ 1 & 4 & 0 \\ -1 & 3 & 6 \end{vmatrix}$	$A_{21} = -\begin{vmatrix} -5 & 3 \\ 3 & 6 \end{vmatrix} = 39$
El cofactor de a_{31} es A_{31}	M_{31}	La tercera fila y la primera columna	$A_{31} = (-1)^{3+1} \begin{vmatrix} 2 & -5 & 3 \\ 1 & 4 & 0 \\ -1 & 3 & 6 \end{vmatrix}$	$A_{31} = \begin{vmatrix} -5 & 3 \\ 4 & 0 \end{vmatrix} = -12$

3. Finalmente, aplicamos la fórmula (artículo 23), note que los resultados son iguales, por cualquiera de las dos formas, es decir, por fila o columna:

$$|\mathbf{A}| = a_{11}\mathbf{A}_{11} + a_{21}\mathbf{A}_{21} + a_{31}\mathbf{A}_{31}$$

$$|\mathbf{A}| = (2)(24) + (1)(39) + (-1)(-12) \quad \therefore |\mathbf{A}| = 99.$$

DEBES SABER QUE:
Amigo lector, para que seleccione la fila o columna más apropiada, le recuerdo, que trate de desarrollarlo por la fila o columna que tenga la mayor cantidad de ceros. Este procedimiento se extiende a determinantes de orden mayor que 3.

24. Matriz de cofactores de A: Se denota por $cofact\,\mathbf{A}$. Si $\mathbf{A}$ es una matriz cuadrada de orden nxn y $\mathbf{A}_{ij}$ es el cofactor de a_{ij}, entonces la matriz de cofactores está dada por:

$$cofact\,\mathbf{A} = \begin{bmatrix} \mathbf{A}_{11} & \mathbf{A}_{12} & \cdots & \mathbf{A}_{1n} \\ \mathbf{A}_{21} & \mathbf{A}_{22} & \cdots & \mathbf{A}_{2n} \\ \vdots & \vdots & & \vdots \\ \mathbf{A}_{n1} & \mathbf{A}_{n2} & \cdots & \mathbf{A}_{nn} \end{bmatrix}.$$

Al aplicar COFACTORES: Busque la fila o columna que tenga la mayor cantidad de ceros.

25. Matriz adjunta: Es una matriz que está dado por la transpuesta de la matriz de cofactores, se denota como $adj\,\mathbf{A}$ y presenta la siguiente fórmula:

$$adj\,\mathbf{A} = (cofact\,\mathbf{A})^{\mathrm{T}}.$$

26. Traza de una matriz: La traza de la matriz $\mathbf{A} = [a_{ij}]$ de orden nxn, denotada como $traz(\mathbf{A})$, está dada por la suma de los elementos de la diagonal principal de dicha matriz. Formalizando la definición tenemos:

$$traz\,(\mathbf{A}) = \sum_{i=1}^{n} a_{ii}.$$

Ejemplo ilustrativo 6:
Determinación de la traza de la matriz adjunta. La traza de la matriz adjunta (resuelta en el ejercicio 8) $\mathbf{A} = \begin{bmatrix} 24 & 39 & -12 \\ -6 & 15 & 3 \\ 7 & -1 & 13 \end{bmatrix}_{3x3}$ está dada por:

$$traz\,(\mathbf{A}) = \sum_{i=1}^{n} a_{ii} \rightarrow traz\,(\mathbf{A}) = a_{11} + a_{22} + a_{33}$$

$$\therefore traz\,(\mathbf{A}) = 24 + 15 + 13 = 52.$$

Ejercicio 8:
Cálculo de la matriz adjunta. Halle la matriz de los cofactores de $\mathbf{A}$ y la matriz adjunta de $\mathbf{A}$ si:

$$\mathbf{A} = \begin{bmatrix} 2 & -5 & 3 \\ 1 & 4 & 0 \\ -1 & 3 & 6 \end{bmatrix}.$$

Pasos:

1. Identificamos todos los elementos:

$a_{11}=2$	$a_{12}=-5$	$a_{13}=3$	$a_{21}=1$	$a_{22}=4$	$a_{23}=0$	$a_{31}=-1$	$a_{32}=3$	$a_{33}=6$

2. Luego, obtenemos los cofactores de todos los elementos tal como se indica en la tabla 13.

TABLA 13

Cofactor del elemento	El menor $\|\mathbf{M}_{ij}\|$	Se elimina	$\mathbf{A}_{ij}=(-1)^{i+j}\|\mathbf{M}_{ij}\|$	El cofactor $\mathbf{A}_{ij}$
El cofactor de a_{11} es $\mathbf{A}_{11}$	$\mathbf{M}_{11}$	La primera fila y la primera columna	$\mathbf{A}_{11}=(-1)^{1+1}\begin{vmatrix}2&-5&3\\1&4&0\\-1&3&6\end{vmatrix}$	$\mathbf{A}_{11}=\begin{vmatrix}4&0\\3&6\end{vmatrix}=24$
El cofactor de a_{12} es $\mathbf{A}_{12}$	$\mathbf{M}_{12}$	La primera fila y la segunda columna	$\mathbf{A}_{12}=(-1)^{1+2}\begin{vmatrix}2&-5&3\\1&4&0\\-1&3&6\end{vmatrix}$	$\mathbf{A}_{12}=-\begin{vmatrix}1&0\\-1&6\end{vmatrix}=-6$
El cofactor de a_{13} es $\mathbf{A}_{13}$	$\mathbf{M}_{13}$	La primera fila y la tercera columna	$\mathbf{A}_{13}=(-1)^{1+3}\begin{vmatrix}2&-5&3\\1&4&0\\-1&3&6\end{vmatrix}$	$\mathbf{A}_{13}=\begin{vmatrix}1&4\\-1&3\end{vmatrix}=7$
El cofactor de a_{21} es $\mathbf{A}_{21}$	$\mathbf{M}_{21}$	La segunda fila y la primera columna	$\mathbf{A}_{21}=(-1)^{2+1}\begin{vmatrix}2&-5&3\\1&4&0\\-1&3&6\end{vmatrix}$	$\mathbf{A}_{21}=-\begin{vmatrix}-5&3\\3&6\end{vmatrix}=39$
El cofactor de a_{22} es $\mathbf{A}_{22}$	$\mathbf{M}_{22}$	La segunda fila y la segunda columna	$\mathbf{A}_{22}=(-1)^{2+2}\begin{vmatrix}2&-5&3\\1&4&0\\-1&3&6\end{vmatrix}$	$\mathbf{A}_{22}=\begin{vmatrix}2&3\\-1&6\end{vmatrix}=15$
El cofactor de a_{23} es $\mathbf{A}_{23}$	$\mathbf{M}_{23}$	La segunda fila y la tercera columna	$\mathbf{A}_{23}=(-1)^{2+3}\begin{vmatrix}2&-5&3\\1&4&0\\-1&3&6\end{vmatrix}$	$\mathbf{A}_{23}=-\begin{vmatrix}2&-5\\-1&3\end{vmatrix}=-1$
El cofactor de a_{31} es $\mathbf{A}_{31}$	$\mathbf{M}_{31}$	La tercera fila y la primera columna	$\mathbf{A}_{31}=(-1)^{3+1}\begin{vmatrix}2&-5&3\\1&4&0\\-1&3&6\end{vmatrix}$	$\mathbf{A}_{31}=\begin{vmatrix}-5&3\\4&0\end{vmatrix}=-12$
El cofactor de a_{32} es $\mathbf{A}_{32}$	$\mathbf{M}_{32}$	La tercera fila y la segunda columna	$\mathbf{A}_{32}=(-1)^{3+2}\begin{vmatrix}2&-5&3\\1&4&0\\-1&3&6\end{vmatrix}$	$\mathbf{A}_{32}=-\begin{vmatrix}2&3\\1&0\end{vmatrix}=3$
El cofactor de a_{33} es $\mathbf{A}_{33}$	$\mathbf{M}_{33}$	La tercera fila y la tercera columna	$\mathbf{A}_{33}=(-1)^{3+3}\begin{vmatrix}2&-5&3\\1&4&0\\-1&3&6\end{vmatrix}$	$\mathbf{A}_{33}=\begin{vmatrix}2&-5\\1&4\end{vmatrix}=13$

3. Finalmente, la matriz de cofactores y la adjunta son:

$$cofact\,\mathbf{A}=\begin{bmatrix}\mathbf{A}_{11}&\mathbf{A}_{12}&\mathbf{A}_{13}\\\mathbf{A}_{21}&\mathbf{A}_{22}&\mathbf{A}_{23}\\\mathbf{A}_{31}&\mathbf{A}_{32}&\mathbf{A}_{33}\end{bmatrix}\rightarrow cofact\,\mathbf{A}=\begin{bmatrix}24&-6&7\\39&15&-1\\-12&3&13\end{bmatrix}$$

$$\therefore adj\,\mathbf{A}=(cofact\,\mathbf{A})^\mathrm{T}=\begin{bmatrix}24&39&-12\\-6&15&3\\7&-1&13\end{bmatrix}.$$

27. Regla de Cramer:

Gabriel Cramer (1704 – 1752) fue un matemático suizo nacido en Ginebra. Mostró gran precocidad en matemática y a los 18 recibe su doctorado y a los 20 era profesor adjunto de matemática en la Universidad de Ginebra. En 1 731 presentó ante la Academia de las Ciencias de París, una memoria sobre las múltiples causas de la inclinación de las órbitas de los planetas. Su obra fundamental fue la **Introduction à l'analyse des courbes algébriques** y también, es conocido por sus aportes en algebra matricial.

28. Definición:

La regla de Cramer es un procedimiento que permite obtener la solución de un Sistema de ecuaciones lineales (SEL) en términos de determinantes. Recibe este nombre en honor a Gabriel Cramer (vea la introducción).

La regla de Cramer es de importancia teórica porque da una expresión explícita para la solución del sistema, pero es más laborioso para grandes matrices y por ello, no es usado en aplicaciones prácticas que puedan emplear muchas ecuaciones. Sin embargo, se convierte en una alternativa en comparación con otros métodos, como el método de eliminación de Gauss-Jordan.

29. Condiciones:

Para usar la regla de Cramer debemos tomar en cuenta dos condiciones:
- ✓ El SEL debe tener n ecuaciones y n incógnitas.
- ✓ El determinante de la matriz de coeficientes debe ser diferente de cero, $|\mathbf{A}| \neq \mathbf{0}$.

30. Algoritmo de Cramer para SEL:

Sea el SEL de **dos variables** escrito en forma general:

$$\begin{cases} a_{11}x + a_{12}y = b_1 \\ a_{21}x + a_{22}y = b_2 \end{cases}$$

y la tabla 14:

TABLA 14

Matriz de coeficientes	Determinante de coeficientes	Matriz de variables	Matriz de constantes	$\mathbf{A}_x$	$\mathbf{A}_y$
$\mathbf{A} = \begin{bmatrix} a_{11} & a_{12} \\ a_{21} & a_{22} \end{bmatrix}$	$\|\mathbf{A}\| = \begin{vmatrix} a_{11} & a_{12} \\ a_{21} & a_{22} \end{vmatrix}$	$\mathbf{X} = \begin{bmatrix} x \\ y \end{bmatrix}$	$\mathbf{B} = \begin{bmatrix} b_1 \\ b_2 \end{bmatrix}$	$\begin{bmatrix} b_1 & a_{12} \\ b_2 & a_{22} \end{bmatrix}$	$\begin{bmatrix} a_{11} & b_1 \\ a_{21} & b_2 \end{bmatrix}$

Donde:

$|\mathbf{A}|$ = Determinante de coeficientes: $|\mathbf{A}| = a_{11}a_{22} - a_{21}a_{12}$.

$|\mathbf{A}_x|$ = Determinante que se obtiene al reemplazar la primera columna por el término constante, siendo su matriz $\mathbf{A}_x$.

$|\mathbf{A}_y|$ = Determinante que se obtiene al reemplazar la segunda columna por el término constante, siendo su matriz $\mathbf{A}_y$.

Por tanto, la solución por la regla de Cramer está dado por:

$$x = \frac{|\mathbf{A}_x|}{|\mathbf{A}|} \quad \text{y} \quad y = \frac{|\mathbf{A}_y|}{|\mathbf{A}|} \qquad |\mathbf{A}| \neq 0.$$

Ejercicio 9:

Regla de Cramer. Aplique la regla de Cramer y resuelve el siguiente sistema: $\begin{cases} 2x + 6y = -1 \\ x + 8y = 2. \end{cases}$

Pasos:
1. El SEL tiene dos ecuaciones y dos incógnitas (tabla 15):

TABLA 15

Matriz de coeficientes	Determinante de coeficientes	Matriz de variables	Matriz de constantes	A_x	A_y
$A = \begin{bmatrix} 2 & 6 \\ 1 & 8 \end{bmatrix}$	$\|A\| = \begin{vmatrix} 2 & 6 \\ 1 & 8 \end{vmatrix}$	$X = \begin{bmatrix} x \\ y \end{bmatrix}$	$B = \begin{bmatrix} -1 \\ 2 \end{bmatrix}$	$\begin{bmatrix} -1 & 6 \\ 2 & 8 \end{bmatrix}$	$\begin{bmatrix} 2 & -1 \\ 1 & 2 \end{bmatrix}$

2. A continuación, se calculan las determinantes, de acuerdo a la tabla 16:

TABLA 16

$\|A\| = (2)(8) - (1)(6) \rightarrow \|A\| = 10 \neq 0$
$\|A_x\| = (-1)(8) - (2)(6) \rightarrow \|A_x\| = -20$
$\|A_y\| = (2)(2) - (1)(-1) \rightarrow \|A_y\| = 5$

3. Luego, hallamos la solución con la regla de Cramer de la siguiente manera:

$$x = \frac{|A_x|}{|A|} \rightarrow x = \frac{-20}{10} \quad \therefore x = -2$$

$$y = \frac{|A_y|}{|A|} \rightarrow y = \frac{5}{10} \quad \therefore y = 1/2.$$

4. Finalmente, el conjunto solución está dado por: $C.S. = \{(-2, 1/2)\}$.

Sea el SEL de tres variables escrito en forma general:

$$\begin{cases} a_{11}x + a_{12}y + a_{13}z = b_1 \\ a_{21}x + a_{22}y + a_{23}z = b_2 \\ a_{31}x + a_{32}y + a_{33}z = b_3 \end{cases}$$

y la tabla 17:

TABLA 17

Matriz de coeficientes	Matriz de variables	Matriz de constantes	A_x	A_y	A_z
$A = \begin{bmatrix} a_{11} & a_{12} & a_{13} \\ a_{21} & a_{22} & a_{23} \\ a_{31} & a_{32} & a_{33} \end{bmatrix}$	$X = \begin{bmatrix} x \\ y \\ z \end{bmatrix}$	$B = \begin{bmatrix} b_1 \\ b_2 \\ b_3 \end{bmatrix}$	$\begin{bmatrix} b_1 & a_{12} & a_{13} \\ b_2 & a_{22} & a_{23} \\ b_3 & a_{32} & a_{33} \end{bmatrix}$	$\begin{bmatrix} a_{11} & b_1 & a_{13} \\ a_{21} & b_2 & a_{23} \\ a_{31} & b_3 & a_{33} \end{bmatrix}$	$\begin{bmatrix} a_{11} & a_{12} & b_1 \\ a_{21} & a_{22} & b_2 \\ a_{31} & a_{32} & b_3 \end{bmatrix}$

Donde:
$|A|$ = Determinante de coeficientes, se puede calcular por cofactores y menores:

$$|A| = a_{11}A_{11} + a_{21}A_{21} + a_{31}A_{31} \; ; \; A_{ij} = (-1)^{i+j}|M_{ij}|$$

o también empleando la fórmula denominada, desarrollo completo del determinante de tercer orden (método tradicional, artículo 15) que consiste en copiar y pegar las dos primeras columnas a la derecha.

$|\mathbf{A}_x|$ =Determinante que se obtiene al reemplazar la primera columna por el término constante, siendo su matriz $\mathbf{A}_x$.

$|\mathbf{A}_y|$ =Determinante que se obtiene al reemplazar la segunda columna por el término constante, siendo su matriz $\mathbf{A}_y$.

$|\mathbf{A}_z|$ =Determinante que se obtiene al reemplazar la tercera columna por el término constante, siendo su matriz $\mathbf{A}_z$.

Por tanto, la solución con la regla de Cramer está dado por:

$$x = \frac{|\mathbf{A}_x|}{|\mathbf{A}|} \quad ; \quad y = \frac{|\mathbf{A}_y|}{|\mathbf{A}|} \quad y \quad z = \frac{|\mathbf{A}_z|}{|\mathbf{A}|} \qquad |\mathbf{A}| \neq 0$$

31. Identificación del tipo de solución, con el determinante:
Para reconocer el tipo de solución del SEL usando la regla de Cramer, se debe analizar el valor del determinante, generando un ahorro de recursos (tiempo, cansancio, etc.). Se presenta tres casos, veamos la TABLA 18.

TABLA 18

Determinante de coeficientes	Determinante que se obtiene al reemplazar la 1^a; 2^a y 3ª columna por el término constante			Solución del SEL
$|\mathbf{A}| \neq 0$	$|\mathbf{A}_x| \neq 0$ o $|\mathbf{A}_x| = 0$	$|\mathbf{A}_y| \neq 0$ o $|\mathbf{A}_y| = 0$	$|\mathbf{A}_z| \neq 0$ o $|\mathbf{A}_z| = 0$	Única solución (Compatible determinado)
$|\mathbf{A}| = 0$	$|\mathbf{A}_x| = 0$	$|\mathbf{A}_y| = 0$	$|\mathbf{A}_z| = 0$	Infinitas soluciones (Compatible indeterminado)
$|\mathbf{A}| = 0$	$|\mathbf{A}_x| \neq 0$ o	$|\mathbf{A}_y| \neq 0$ o	$|\mathbf{A}_z| \neq 0$	No tiene solución (Incompatible)

Ejercicio 10:
Aplicación de la regla de Cramer. Use la regla de Cramer y resuelve el siguiente SEL:

$$\begin{cases} 3x - y + 2z = -1 \\ 2x + y - z = 5 \\ x + 2y + z = 4. \end{cases}$$

Pasos:
1. El SEL tiene tres ecuaciones y tres incógnitas (tabla 19):

TABLA 19

Matriz de coeficientes	Matriz de variables	Matriz de constantes	$\mathbf{A}_x$	$\mathbf{A}_y$	$\mathbf{A}_z$
$\mathbf{A} = \begin{bmatrix} 3 & -1 & 2 \\ 2 & 1 & -1 \\ 1 & 2 & 1 \end{bmatrix}$	$\mathbf{X} = \begin{bmatrix} x \\ y \\ z \end{bmatrix}$	$\mathbf{B} = \begin{bmatrix} -1 \\ 5 \\ 4 \end{bmatrix}$	$\begin{bmatrix} -1 & -1 & 2 \\ 5 & 1 & -1 \\ 4 & 2 & 1 \end{bmatrix}$	$\begin{bmatrix} 3 & -1 & 2 \\ 2 & 5 & -1 \\ 1 & 4 & 1 \end{bmatrix}$	$\begin{bmatrix} 3 & -1 & -1 \\ 2 & 1 & 5 \\ 1 & 2 & 4 \end{bmatrix}$

2. Luego, calculemos el discriminante de la matriz de coeficientes, $|\mathbf{A}|$, a través de los cofactores de la primera columna, tal como muestra la TABLA 20.

TABLA 20

El cofactor del elemento	El menor $\|M_{ij}\|$	Se elimina	$A_{ij} = (-1)^{i+j}\|M_{ij}\|$	El cofactor A_{ij}
El cofactor de a_{11} es A_{11}	M_{11}	La primera fila y la primera columna	$A_{11} = (-1)^{1+1}\begin{vmatrix}3 & -1 & 2\\2 & 1 & -1\\1 & 2 & 1\end{vmatrix}$	$A_{11} = \begin{vmatrix}1 & -1\\2 & 1\end{vmatrix} = 3$
El cofactor de a_{21} es A_{21}	M_{21}	La segunda fila y la primera columna	$A_{21} = (-1)^{2+1}\begin{vmatrix}3 & -1 & 2\\2 & 1 & -1\\1 & 2 & 1\end{vmatrix}$	$A_{21} = -\begin{vmatrix}-1 & 2\\2 & 1\end{vmatrix} = 5$
El cofactor de a_{31} es A_{31}	M_{31}	La tercera fila y la primera columna	$A_{31} = (-1)^{3+1}\begin{vmatrix}3 & -1 & 2\\2 & 1 & -1\\1 & 2 & 1\end{vmatrix}$	$A_{31} = \begin{vmatrix}-1 & 2\\1 & -1\end{vmatrix} = -1$

Luego, la fórmula conocida (artículo 23):

$$|A| = a_{11}A_{11} + a_{21}A_{21} + a_{31}A_{31}$$

$$|A| = (3)(3) + (2)(5) + (1)(-1) \quad \therefore |A| = 18.$$

3. Ahora, note que $|A| = 18 \neq 0$, entonces el sistema presenta **única solución**. Enseguida, se calculan las otras determinantes (por la primera fila), de acuerdo a la tabla 21 (forma rápida):

TABLA 21

$\|A_x\| = \begin{vmatrix}-1 & -1 & 2\\5 & 1 & -1\\4 & 2 & 1\end{vmatrix}$	$\rightarrow \|A_x\| = (-1)\left[(-1)^2\begin{vmatrix}1 & -1\\2 & 1\end{vmatrix}\right] + (-1)\left[(-1)^3\begin{vmatrix}5 & -1\\4 & 1\end{vmatrix}\right] + (2)\left[(-1)^4\begin{vmatrix}5 & 1\\4 & 2\end{vmatrix}\right] \rightarrow \|A_x\| = 18$
$\|A_y\| = \begin{vmatrix}3 & -1 & 2\\2 & 5 & -1\\1 & 4 & 1\end{vmatrix}$	$\rightarrow \|A_y\| = +(3)\begin{vmatrix}5 & -1\\4 & 1\end{vmatrix} - (-1)\begin{vmatrix}2 & -1\\1 & 1\end{vmatrix} + (2)\begin{vmatrix}2 & 5\\1 & 4\end{vmatrix} \rightarrow \|A_y\| = 36$ (alterne los signos)
$\|A_z\| = \begin{vmatrix}3 & -1 & -1\\2 & 1 & 5\\1 & 2 & 4\end{vmatrix}$	$\rightarrow \|A_z\| = +(3)\begin{vmatrix}1 & 5\\2 & 4\end{vmatrix} - (-1)\begin{vmatrix}2 & 5\\1 & 4\end{vmatrix} + (-1)\begin{vmatrix}2 & 1\\1 & 2\end{vmatrix} \rightarrow \|A_z\| = -18$

4. A continuación, hallamos la solución con la regla de Cramer de la siguiente manera:

$$x = \frac{|A_x|}{|A|} \quad \rightarrow x = \frac{18}{18} \quad \therefore x = 1$$

$$y = \frac{|A_y|}{|A|} \quad \rightarrow y = \frac{36}{18} \quad \therefore y = 2$$

$$z = \frac{|A_z|}{|A|} \quad \rightarrow z = \frac{-18}{18} \quad \therefore z = -1.$$

5. Finalmente, el conjunto solución está dado por: $C.S. = \{(1, 2, -1)\}$.

Ejercicio 11:
Aplicación de la regla de Cramer. Use la regla de Cramer y resuelve el siguiente SEL:

$$\begin{cases} 2p - 3q + r = 5 \\ p + 2q - r = 7 \\ 6p - 9q + 3r = 4. \end{cases}$$

Pasos:
1. El SEL tiene tres ecuaciones y tres incógnitas (tabla 22):

TABLA 22

Matriz de coeficientes	Matriz de variables	Matriz de constantes	A_p	A_q	A_r
$A = \begin{bmatrix} 2 & -3 & 1 \\ 1 & 2 & -1 \\ 6 & -9 & 3 \end{bmatrix}$	$X = \begin{bmatrix} p \\ q \\ r \end{bmatrix}$	$B = \begin{bmatrix} 5 \\ 7 \\ 4 \end{bmatrix}$	$\begin{bmatrix} 5 & -3 & 1 \\ 7 & 2 & -1 \\ 4 & -9 & 3 \end{bmatrix}$	$\begin{bmatrix} 2 & 5 & 1 \\ 1 & 7 & -1 \\ 6 & 4 & 3 \end{bmatrix}$	$\begin{bmatrix} 2 & -3 & 5 \\ 1 & 2 & 7 \\ 6 & -9 & 4 \end{bmatrix}$

2. Ahora, calculemos el determinante de la matriz de coeficientes, $|A|$, a través de la expresión (fórmula) denominado desarrollo completo del determinante de tercer orden, veamos:

$$A = \begin{bmatrix} 2 & -3 & 1 \\ 1 & 2 & -1 \\ 6 & -9 & 3 \end{bmatrix} \rightarrow |A| = \begin{vmatrix} 2 & -3 & 1 \\ 1 & 2 & -1 \\ 6 & -9 & 3 \end{vmatrix} \begin{matrix} 2 & -3 \\ 1 & 2 \\ 6 & -9 \end{matrix}$$

$$|A| = [(2)(2)(3) + (-3)(-1)(6) + (1)(1)(-9)] - [(6)(2)(1) + (-9)(-1)(2) + (3)(1)(-3)]$$

$$\therefore |A| = 0.$$

3. A continuación, note que $|A| = 0$, entonces sólo bastará con efectuar un discriminante, para definir el tipo de solución:

$$A_x = \begin{bmatrix} 5 & -3 & 1 \\ 7 & 2 & -1 \\ 4 & -9 & 3 \end{bmatrix} \rightarrow |A| = \begin{vmatrix} 5 & -3 & 1 \\ 7 & 2 & -1 \\ 4 & -9 & 3 \end{vmatrix} \begin{matrix} 5 & -3 \\ 7 & 2 \\ 4 & -9 \end{matrix}$$

$$|A| = [(5)(2)(3) + (-3)(-1)(4) + (1)(7)(-9)] - [(4)(2)(1) + (-9)(-1)(5) + (3)(7)(-3)]$$

$$\therefore |A| = -11.$$

4. Finalmente, como $|A| = 0$ y $|A_x| \neq 0$, el sistema no tiene **ninguna solución.**

EJERCICIOS   SÓLO PARA TRIUNFADORES

1.- Represente una matriz de m filas y n columnas. Complete los recuadros.

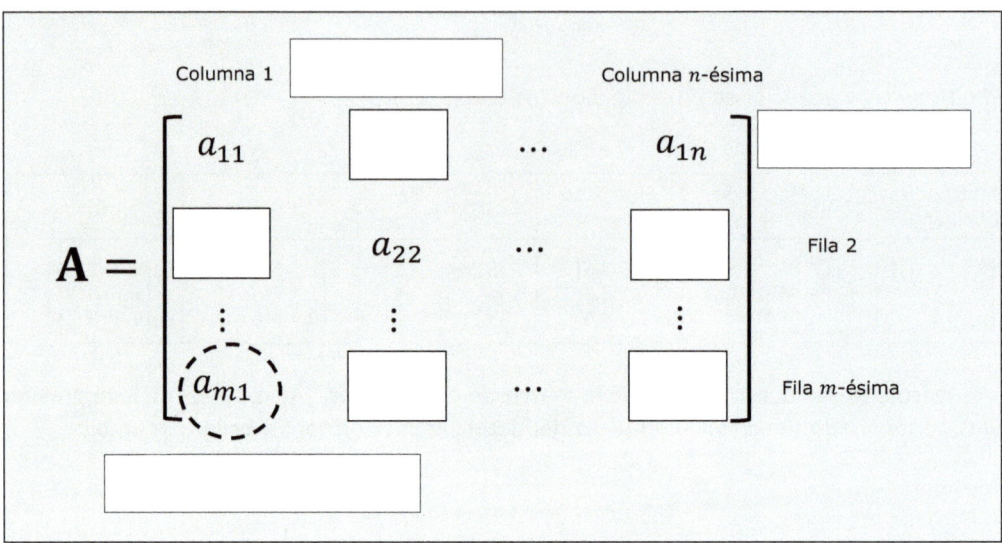

2.- ¿Cuál de los siguientes arreglos representan matrices? Marque con una equis (encima).

$$\begin{matrix} & & 5 \\ 3 & -2 & 8 \\ & & 0 \end{matrix} \qquad \begin{matrix} 2 & -4 & \\ 11 & 15 & 8 \\ & 0 & 3 \end{matrix} \qquad \begin{matrix} -2 \\ -3 \\ 5 \end{matrix} \qquad \begin{matrix} 5 & 0 & b+c \\ 3 & 1 & \sqrt[3]{7} \\ 2 & a & 2/5 \end{matrix}$$

3.- La tabla adjunta, muestra ejemplos de matrices, el orden y el número de elementos. Complete los espacios en blanco.

Matriz	N° de filas (m)	N° de columnas (n)	Orden (Tamaño de la matriz: $m \times n$)	N° de elementos: $(m)(n)$
$P = [-6 \quad 7]$	1	2	1x2	2
$I = [3]$	1			
$E = \begin{bmatrix} 1 & -5 \\ 0 & 1 \\ 0 & 0 \end{bmatrix}$		2	3x2	
$R = \begin{bmatrix} 1,5 & \pi & 0,21 \\ 10^3 & 0 & \sqrt[3]{12} \end{bmatrix}$				
$O = [0 \quad 0 \quad 0]$	1			3

4.- Interprete los subíndices de cada elemento o entrada, según la matriz.

Matriz	Notación del elemento	Interpretación	El elemento es
$\mathbf{M} = \begin{bmatrix} 1 & 2 & 3 \\ 4 & 5 & 6 \\ 7 & 8 & 9 \\ 10 & 11 & 12 \end{bmatrix}_{4\times 3}$	a_{11}	Primera fila, primera columna	**1**
	a_{23}		
	a_{41}	Cuarta fila, primera columna	
	a_{35}		No existe, no hay quinta columna
	a_{68}	Sexta fila, octava columna	

5.- Construye la matriz $\mathbf{D} = [d_{ij}]_{2\times 2}$, si se tiene lo siguiente: $d_{ij} = -3i + 4(j-2)$.

Matriz	Notación del elemento	i	j	$d_{ij} = -3i + 4(j-2)$	El elemento es
$\mathbf{D} = \begin{bmatrix} d_{11} & d_{12} \\ d_{21} & d_{22} \end{bmatrix}_{2\times 2}$	d_{11}	1	1	$d_{11} = -3(1) + 4(1-2)$	-7
	d_{12}				
	d_{21}				
	d_{22}				

6.- Sea $\mathbf{C} = [c_{ij}]$ una matriz de 8x9. Si $c_{ij} = 2$ para $i = j$. Además, si $c_{ij} = \sqrt{2}$ para $i \neq j$. Halle los siguientes elementos: c_{44} y c_{69}. ¿Cuántas entradas tiene **C**?

Notación del elemento	i	j	Condición	El elemento es	Número de entradas de **C**
c_{44}			Son iguales		
c_{69}					

7.- Indique si las siguientes proposiciones son verdaderas (V) o falsas (F):

Es la notación de una matriz y un elemento, respectivamente, a_{ij} y $[a_{ij}]$.	
Las filas o renglones se enumeran de arriba hacia abajo.	
Respecto al orden de los subíndices: $a_{ij} = a_{ji}$.	
Una matriz no tiene valor numérico.	

8.- Sea la matriz $R = [r_{ij}]_{3 \times 2}$. La notación del elemento está dada por:

$$r_{ij} = \begin{cases} (-1)^{i+j} & ; i < j \\ \sqrt{ij} + j^2 & ; i = j \\ \text{máx}(i;j) & ; i > j. \end{cases}$$

Se pide construir la matriz, de acuerdo a la ley de formación de r_{ij}.

Matriz	Notación del elemento	i	j	Condición	Ley de formación	El elemento es
$R = \begin{bmatrix} r_{11} & r_{12} \\ r_{21} & r_{22} \\ r_{31} & r_{32} \end{bmatrix}_{3 \times 2}$	r_{11}	1	1	$i = j$	$\sqrt{(1)(1)} + (1)^2 = 1+1$	2
	r_{12}			$i < j$	$(-1)^{i+j} = (-1)^{1+2}$	
	r_{21}			$i > j$		2
	r_{22}					
	r_{31}					
	r_{32}					

9.- Construye las siguientes matrices: Dispone de 5 minutos cada uno (tome el tiempo). Si lo hace en el tiempo establecido, tendrá una carita feliz.

Matriz	Notación del elemento	i	j	$e_{ij} = \begin{cases} (2i)^2 + 1 & ; i > j \\ j^2 - 3 & ; i \leq j \end{cases}$	La matriz es
$E = [e_{ij}]_{3 \times 2}$	e_{11}	1	1		$\begin{bmatrix} \square & \square \\ \square & \square \\ \square & \square \end{bmatrix}$

10.- Determine la transpuesta de la matriz.

Matriz	Su transpuesta es
$P = \begin{bmatrix} 3 & 7 \\ 1 & 0 \end{bmatrix}_{2x2}$	$P^T = \begin{bmatrix} 3 & 1 \\ 7 & 0 \end{bmatrix}_{2x2}$
$R = \begin{bmatrix} 8 & 0 & 15 \\ 3 & -4 & 5 \end{bmatrix}$	
$A = \begin{bmatrix} -5 & 4 \\ 6 & 5 \\ -1 & 9 \end{bmatrix}$	
$C = \begin{bmatrix} 2 & 1 & 2 \\ 0 & 4 & 5 \\ 0 & 8 & 9 \end{bmatrix}$	

11.- Calcule el determinante del ejemplo precedente, pero esta vez aplique la fórmula, denominado **desarrollo completo** del determinante de tercer orden. Escribe los elementos en cada casillero y resuelve de acuerdo al esquema.

$$A = \begin{bmatrix} -2 & 1 & 2 \\ 5 & -1 & -3 \\ 0 & 3 & 4 \end{bmatrix}$$

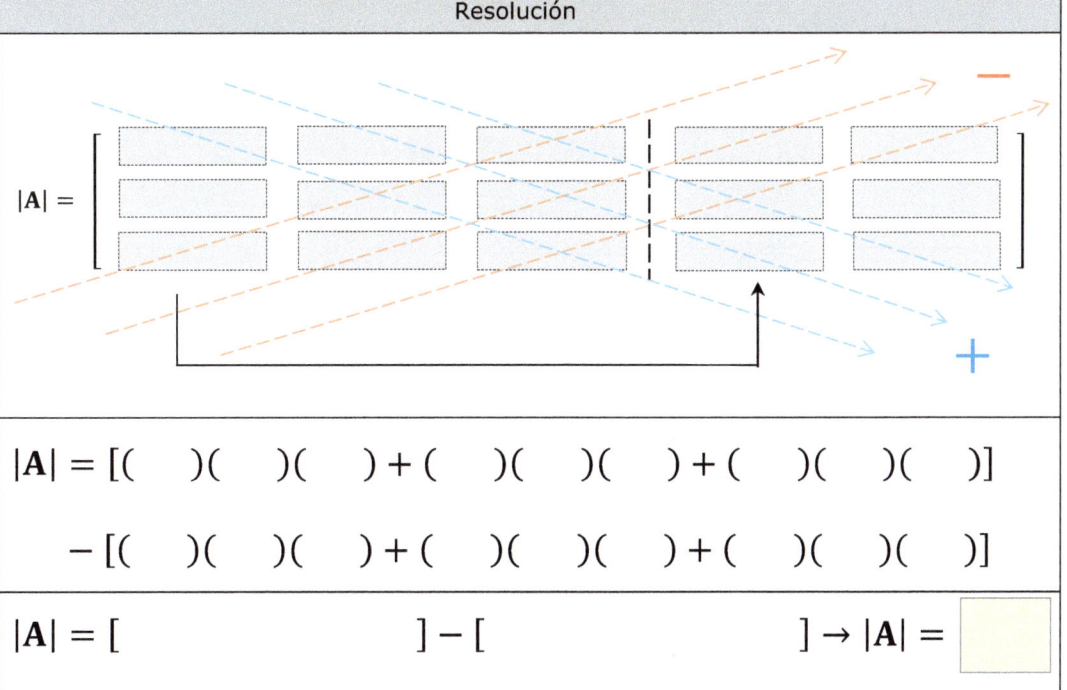

$|A| = [(\quad)(\quad)(\quad) + (\quad)(\quad)(\quad) + (\quad)(\quad)(\quad)]$

$\quad - [(\quad)(\quad)(\quad) + (\quad)(\quad)(\quad) + (\quad)(\quad)(\quad)]$

$|A| = [\qquad\qquad] - [\qquad\qquad] \rightarrow |A| = \boxed{}$

12.- Resuelve:

Determinante	Resolución
$\begin{vmatrix} x & 43 & 87 \\ 0 & x-1 & 51 \\ 0 & 0 & x-2 \end{vmatrix} = 0$	
$\begin{vmatrix} 1 & 0 & x \\ x^{21} & 1 & 0 \\ x & 0 & 1 \end{vmatrix} = 0$	
$\begin{vmatrix} 1 & 1 & 1 & 1 \\ 0 & -z & 0 & 0 \\ 0 & 0 & 1-z & 0 \\ 0 & 0 & 0 & 2-z \end{vmatrix} = 0$	
$\begin{vmatrix} 5 & 5 & 5 & 5 \\ 2 & -3 & a & c \\ d & b & -3 & 9 \\ 1 & 1 & 1 & 1 \end{vmatrix}$	
RTAS.	−10 −4 y 2 0;1 y 2 −1 y 1 0;1 y 2 0

13.- Use la regla de Cramer (método de determinantes) y resuelve el siguiente SEL:

$$\begin{cases} 3z + y - 1 = 0 \\ 2x - 5z - 1 = 0 \\ 2y + 2x + 3z - 1 = 0. \end{cases}$$

$C.S. = \{(-2\,;\,4\,;\,-1)\}$

PROBLEMAS — De la vida cotidiana pasito a pasito

Problema 01

¡Que linda me veo!: Es el eslogan de una empresa colombiana fabricante de jeans muy especiales para damas de diversas edades, de 14 a 25 (I), de 25 a 35 (II) y mayores que 35 (III), en tres colores, negro, blanco y azul. Las características de estos jeans, según afirma la administradora son: diseños innovadores y bellos, tienen una horma perfecta que levanta más que otros no pierden su forma, bordados hermosos, tienen un entalle inteligente que resaltan la sensualidad y figura femenina, con una calidad en materiales y acabados de confección. La empresa cuenta con dos tiendas, en Lima y Trujillo. El último embarque de los jeans (en cientos) que llegó al almacén de la tienda en Lima y de Trujillo, se presentan en las siguientes matrices respectivamente:

$$L = \begin{array}{c} \\ \text{negro} \\ \text{blanco} \\ \text{azul} \end{array} \begin{array}{ccc} \text{I} & \text{II} & \text{III} \\ \begin{bmatrix} 6 & 8 & 38 \\ 33 & 9 & 4 \\ 24 & 31 & 35 \end{bmatrix} \end{array} \qquad T = \begin{array}{c} \\ \text{negro} \\ \text{blanco} \\ \text{azul} \end{array} \begin{array}{ccc} \text{I} & \text{II} & \text{III} \\ \begin{bmatrix} 5 & 6 & 42 \\ 30 & 11 & 21 \\ 22 & 34 & 38 \end{bmatrix} \end{array}$$

a) Realice la representación matricial del embarque de jeans que llegó a las tiendas para la comercialización y venta al por mayor y menor.
b) Determine la cantidad total de jeans de color negro para damas de 25 a 35.
c) Determine la cantidad total de jeans de color azul para damas mayores de 35.
d) Luego de cierto tiempo, la administradora recibe un reporte de la jefa de comercialización en Perú, indicando que las ventas de los jeans en la tienda ubicado en Lima disminuyeron en un 30%, en cambio, en la tienda de Trujillo aumentó en casi un 40%. Determine la nueva matriz resultante.

RESOLUCIÓN

Primer paso:
Interpretemos la información que proporcionan las matrices:

L	La empresa colombiana dispone de 600 jeans de color negro, para damas de 14 a 25 años.
	La empresa colombiana dispone de 900 jeans de color blanco, para damas de 25 a 35 años.
	La empresa colombiana dispone de 3 500 jeans de color azul, para damas mayores de 35 años, en la tienda ubicada en la ciudad de Lima.

T	La empresa colombiana dispone de 3 000 jeans de color blanco, para damas de 14 a 25 años.
	La empresa colombiana dispone de 3 400 jeans de color azul, para damas de 25 a 35 años.
	La empresa colombiana dispone de 3 800 jeans de color azul, para damas mayores de 35 años, en la tienda ubicada en la ciudad de Trujillo.

Segundo paso:
Acerca de la palabra jean, hace referencia a los pantalones de mezclilla (Denim, es un tipo de algodón llamado sarga **de nim**es), que obtuvieron su nombre genérico de la palabra jene o gene, antigua denominación inglesa de la ciudad de Génova, Italia, donde por primera vez se fabricó este tipo de tela de algodón.

Llevamos a cabo la suma de matrices, recuerde la ubicación de la entrada.

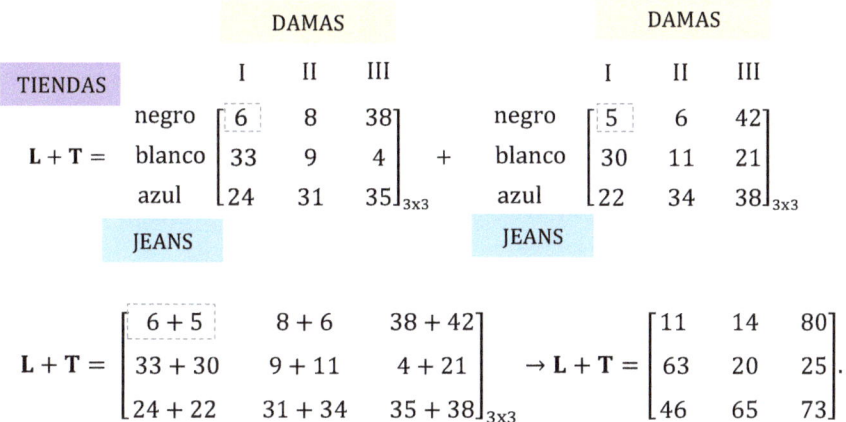

$$\mathbf{L}+\mathbf{T} = \begin{bmatrix} 6+5 & 8+6 & 38+42 \\ 33+30 & 9+11 & 4+21 \\ 24+22 & 31+34 & 35+38 \end{bmatrix}_{3\times 3} \rightarrow \mathbf{L}+\mathbf{T} = \begin{bmatrix} 11 & 14 & 80 \\ 63 & 20 & 25 \\ 46 & 65 & 73 \end{bmatrix}.$$

Tercer paso:
Respondemos las preguntas:
a) La representación matricial del lote (embarque) que llegó al Perú y se distribuyó en las tiendas de Lima y Trujillo, está dado por:

$$\mathbf{L}+\mathbf{T} = \begin{array}{c} \\ \text{negro} \\ \text{blanco} \\ \text{azul} \end{array} \begin{bmatrix} 11 & 14 & 80 \\ 63 & 20 & 25 \\ 46 & 65 & 73 \end{bmatrix}$$

DAMAS: I II III ; JEANS

b) La cantidad total de jeans de color negro para damas de 25 a 35, es 1 400.
c) La cantidad total de jeans de color azul para damas mayores de 35, es 7 300.
d) Luego de cierto tiempo, las ventas de los jeans en la tienda ubicado en Lima, disminuyó en un 30%, es decir, debemos multiplicar la matriz **L** por 0,7, por tanto, se trata del producto de un escalar con una matriz, 0,7**L**, mientras la tienda de Trujillo aumentó en casi un 40%, 1,4**T**, siendo las nuevas matrices respectivamente:

$$\mathbf{L} = \begin{bmatrix} 6 & 8 & 38 \\ 33 & 9 & 4 \\ 24 & 31 & 35 \end{bmatrix} \rightarrow \mathbf{L}_1 = 0{,}7\mathbf{L} = 0{,}7\begin{bmatrix} 6 & 8 & 38 \\ 33 & 9 & 4 \\ 24 & 31 & 35 \end{bmatrix} \therefore \mathbf{L}_1 = \begin{bmatrix} 4{,}2 & 5{,}6 & 26{,}6 \\ 23{,}1 & 6{,}3 & 2{,}8 \\ 16{,}8 & 21{,}7 & 24{,}5 \end{bmatrix}$$

$$\mathbf{T} = \begin{bmatrix} 5 & 6 & 42 \\ 30 & 11 & 21 \\ 22 & 34 & 38 \end{bmatrix} \rightarrow \mathbf{T}_1 = 1{,}4\mathbf{T} = 1{,}4\begin{bmatrix} 5 & 6 & 42 \\ 30 & 11 & 21 \\ 22 & 34 & 38 \end{bmatrix} \therefore \mathbf{T}_1 = \begin{bmatrix} 7 & 8{,}4 & 58{,}8 \\ 42 & 15{,}4 & 29{,}4 \\ 30{,}8 & 47{,}6 & 53{,}2 \end{bmatrix}.$$

Solución:
Finalmente, la nueva matriz resultante $\mathbf{L}_1 + \mathbf{T}_1$, está dado por:

$$L_1 + T_1 = \begin{array}{c} \\ \text{negro} \\ \text{blanco} \\ \text{azul} \end{array} \begin{array}{c} \text{DAMAS} \\ \begin{array}{ccc} \text{I} & \text{II} & \text{III} \end{array} \\ \begin{bmatrix} 11{,}2 & 14 & 85{,}4 \\ 65{,}1 & 21{,}7 & 32{,}2 \\ 47{,}6 & 69{,}3 & 77{,}7 \end{bmatrix} \end{array}$$

JEANS

La interpretación es la siguiente:
La administradora recibe un reporte de la jefa de comercialización en Perú, manifestándole que las ventas de los jeans en las tiendas de Lima y Trujillo han tenido diferente comportamiento comercial. Si comparamos la matriz resultante inicial, $L + T$, con la final dada por, $L_1 + T_1$ se observa que existen cambios importantes, por ejemplo, la cantidad total de jeans de color blanco vendidos en ambas tiendas para damas mayores de 35, fue 2 500, y 3 220, respectivamente. Suponiendo que cada jeans cueste 50 soles, representaría unos 36 000 soles (reste 2 500 de 3 220 y multiplique por 50).

Conclusión: En general la empresa colombiana después de cierto tiempo sigue obteniendo ganancias.

Problema 02

¡Qué viva el rock and roll!: Un canal de TV muy importante del extranjero, se alista para realizar el primer encuentro de bandas de rock en español, denominado "rockasroll 2021" contando con el auspicio de importantes empresas y bandas americanas invitadas, que asegurarán el éxito del concurso. Uno de los objetivos del evento es seguir difundiendo el rock en nuestro idioma y apoyando a las nuevas bandas. La empresa de comunicación se compromete a donar guitarras eléctricas para todos los grupos participantes, que son alrededor de 400. Por ello, solicitan a una empresa asiática fabricante de guitarras, un pedido de 200 guitarras de color plateado, tipo Fender, 100 guitarras de color negro, tipo Gibson y 100 guitarras de color azul, tipo de Rickenbacker.

La empresa Chinworld SAC., toma el pedido de 150 guitarras, tipo Fender, 70 guitarras tipo Gibson y por último 60 guitarras tipo Rickenbacker para ser fabricadas en su planta de Salvador de Bahía (Brasil) y el resto en su planta de Singapur. Según el Jefe de producción, cada guitarra tipo Fender requiere aproximadamente 0,05 m³ de madera, 8 m de cuerda y 6 clavijas; una guitarra tipo Gibson requiere 0,04 m³ de madera, 7 m de cuerda y 6 clavijas y cada guitarra tipo Rickenbacker requiere 0,06 m³ de madera, 8 m de cuerda y 6 clavijas.
El metro cúbico de madera cuesta 25 dólares; el metro de cuerda 4 dólares y finalmente las clavijas a 5 dólares la unidad.
a) Calcule la cantidad de cada tipo de material que utilizarán las plantas para la fabricación de las guitarras eléctricas en sus diversos tipos.
b) Determine el costo total de los materiales para cada planta.

Se ha considerado un solo tipo de madera de una densidad de 500 kg/m³ y las cantidades son promedios y los precios referenciales. Tampoco se han considerado otros materiales.

RESOLUCIÓN

Primer paso:
Debemos construir las matrices para organizar la información. La primera matriz representa las cantidades de cada tipo de guitarra, que se fabricarán en las plantas de producción, por ello, la notación será **P**, la planta de Salvador de Bahía como SB, la de Singapur, como S, y los tipos de guitarras como: F (Fender), G (Gibson) y Rickenbacker (R). veamos:

Matriz de Producción

$$P = \begin{array}{c} \\ SB \\ S \end{array} \begin{array}{c} \text{GUITARRAS} \\ \begin{array}{ccc} F & G & R \end{array} \\ \begin{bmatrix} 150 & 70 & 60 \\ 50 & 30 & 40 \end{bmatrix}_{2\times 3} \end{array}$$

PLANTAS

La segunda matriz de 3x3, representa la cantidad y tipo de material necesario para fabricar cada tipo de guitarra, la matriz se llamará materiales, su notación es, **M**. La notación de madera será mad, en metros cúbicos; de cuerdas, como cu, en metros y finalmente de clavijas, como cl, en unidades, veamos:

Matriz de Materiales

$$M = \begin{array}{c} \\ F \\ G \\ R \end{array} \begin{array}{c} \text{MATERIALES} \\ \begin{array}{ccc} \text{mad} & \text{cu} & \text{cl} \end{array} \\ \begin{bmatrix} 0{,}05 & 8 & 6 \\ 0{,}04 & 7 & 6 \\ 0{,}06 & 8 & 6 \end{bmatrix}_{3\times 3} \end{array}$$

GUITARRAS

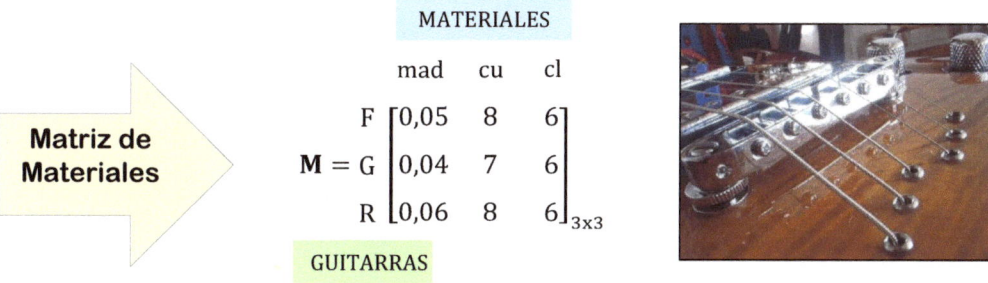

Por último, la matriz que representa el costo unitario de cada tipo de material, se designará como **C**, de orden 3x1, como sigue:

Matriz de Costos

$$C = \begin{array}{c} \text{mad} \\ \text{cu} \\ \text{cl} \end{array} \begin{bmatrix} 25 \\ 4 \\ 5 \end{bmatrix}_{3\times 1}$$

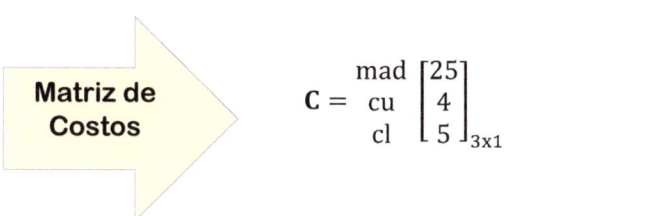

Segundo paso:
A continuación, interpretemos la información de producción, materiales y costos que proporcionan estas matrices.

PRODUCCIÓN	La planta de SB deberá fabricar 150 guitarras tipo F, mientras que la planta de S, sólo 50.
	La planta de SB deberá fabricar 60 guitarras tipo R, mientras que la planta de S, sólo 40.
	La planta de S deberá fabricar 30 guitarras tipo G, y la planta de SB, 70.
MATERIALES	Una guitarra tipo F requiere, 0,05 m^3 de madera, 8 m de cuerda y 6 clavijas.
	Una guitarra tipo G requiere, 0,04 m^3 de madera, 7 m de cuerda y 6 clavijas.
	Una guitarra tipo R requiere, 0,06 m^3 de madera, 8 m de cuerda y 6 clavijas.

COSTOS	El metro cúbico de madera cuesta 25 dólares.
	El metro de cuerda cuesta 4 dólares.
	Cada clavija cuesta 5 dólares.

Tercer paso:

Respondemos las preguntas:

a) Para determinar la cantidad de cada tipo de material que utilizarán las plantas para la fabricación de las guitarras eléctricas en sus diversos tipos, debemos multiplicar las matrices de producción y materiales, **PM**, así:

$$\mathbf{PM} = \begin{bmatrix} 150 & 70 & 60 \\ 50 & 30 & 40 \end{bmatrix}_{2\times3} \begin{bmatrix} 0,05 & 8 & 6 \\ 0,04 & 7 & 6 \\ 0,06 & 8 & 6 \end{bmatrix}_{3\times3}$$

$$\mathbf{PM} = \begin{bmatrix} 150(0,05) + 70(0,04) + 60(0,06) & 150(8) + 70(7) + 60(8) & 150(6) + 70(6) + 60(6) \\ 50(0,05) + 30(0,04) + 40(0,06) & 50(8) + 30(7) + 40(8) & 50(6) + 30(6) + 40(6) \end{bmatrix}_{2\times3}$$

$$\mathbf{PM} = \begin{bmatrix} 13,9 & 2170 & 1\,680 \\ 6,1 & 930 & 720 \end{bmatrix}_{2\times3}.$$

b) Ahora, para determinar el costo total de los materiales, utilizado por las plantas de producción de guitarras eléctricas, debemos multiplicar la matriz anterior, **PM**, con la de costos **C**, cuya notación es **PMC**, de orden 3x1, veamos:

$$\mathbf{PMC} = \begin{bmatrix} 13,9 & 2\,170 & 1\,680 \\ 6,1 & 930 & 720 \end{bmatrix}_{2\times3} \begin{bmatrix} 25 \\ 4 \\ 5 \end{bmatrix}_{3\times1}$$

$$\mathbf{PMC} = \begin{bmatrix} 13,9(25) + 2\,170(4) + 1\,680(5) \\ 6,1(25) + 930(4) + 720(5) \end{bmatrix}_{2\times1} \rightarrow \mathbf{PMC} = \begin{bmatrix} 17\,428 \\ 7\,473 \end{bmatrix}_{2\times1}$$

Solución: La interpretación es la siguiente:

Definitivamente, este primer encuentro de bandas de rock en español, "rockasroll 2021" será un éxito. Analicemos las matrices:

$$PM = \begin{matrix} \\ SB \\ S \end{matrix} \begin{matrix} \text{mad} & \text{cu} & \text{cl} \\ \left[13{,}9 \right. & 2\,170 & 1\,680 \\ 6{,}1 & 930 & 720 \end{matrix} \left. \right]_{2\times 3}$$

Analicemos las matrices:

La matriz **PM**, muestra que la planta de Salvador de Bahía, requerirá 13,9 m³ de madera, 2 170 m de cuerda y 1680 clavijas, mientras que la planta de Singapur necesitará 6,1 m³ de madera, 930 m de cuerda y 720 clavijas.

$$PMC = \begin{matrix} SB \\ S \end{matrix} \begin{bmatrix} 17\,428 \\ 7473 \end{bmatrix}_{2\times 1}$$

La matriz **PMC**, muestra que la planta de Salvador de Bahía incurrirá en 17 428 dólares de gastos y la otra planta en tan sólo 7 473 dólares, por tanto, el costo total de ambas asciende a 24 901 dólares.

Problema 03

Modelo de éxito: El modelo de éxito de la mundialmente conocida empresa automotriz Toyota, puede aplicarse a cualquier organización, para mejorar los procesos de negocio, de marketing y ventas, logística, desarrollo de productos y finalmente, gestión. Era conocido que los automóviles japoneses duraban más tiempo que los americanos y requerían menos reparaciones, ello se debía al modo en que Toyota diseñaba y fabricaba los automóviles. Resaltaba que cada vez que Toyota mostraba una aparente debilidad y parecía vulnerable a la competencia, milagrosamente corregía el problema y volvía aún más fuerte. En el libro **The Toyota Way** se explica el estilo de gestión y el sistema de producción de Toyota que es lo que se revela como la estrategia ganadora de la empresa, comenta el Lic. Mario Reátegui jefe comercial de dos de las empresas distribuidoras A y B de estos vehículos, ambos ubicados en el interior del país. Mensualmente presenta su reporte de ventas a la gerencia comercial, el cual se presenta en las siguientes tablas:

Distribuidora A- Enero 2021			
Modelo	Color rojo	Color blanco	Color negro
RAV4	16	8	18
YARIS	35	14	33

Distribuidora B- Enero 2021			
Modelo	Color rojo	Color blanco	Color negro
RAV4	13	10	21
YARIS	19	14	28

a) Mencione el modelo y color de automóvil que tuvo mayor acogida en cada distribuidora.
b) Escribe la representación matricial de la venta total que realizaron las distribuidoras e indique el modelo y color de automóvil que tuvo menor demanda, en el mes de enero.

RESOLUCIÓN

Primer paso:
Debemos construir las matrices para organizar la información. La primera matriz representa la distribuidora A, la notación de la matriz será **A**, los colores con la primera letra, veamos:

COLORES

$$A = \begin{array}{c} \text{RAV4} \\ \text{YARIS} \end{array} \begin{bmatrix} 16 & 8 & 18 \\ 35 & 14 & 33 \end{bmatrix}_{2\times3} \begin{array}{c} R \ B \ N \end{array}$$

MODELOS

En forma análoga, la segunda matriz representa la distribuidora B, la notación de la matriz será **B**, los colores con la primera letra, así:

COLORES

$$B = \begin{array}{c} \text{RAV4} \\ \text{YARIS} \end{array} \begin{bmatrix} 13 & 10 & 21 \\ 19 & 14 & 28 \end{bmatrix}_{2\times3} \begin{array}{c} R \ B \ N \end{array}$$

MODELOS

Segundo paso:
Respondemos las preguntas:
a) El modelo y color de automóvil que tuvo mayor acogida en la distribuidora A, fue el Yaris rojo, y en la distribuidora B, fue el Yaris negro.

b) La representación matricial de la venta total que realizaron las distribuidoras, está dada por la suma de matrices (deben tener el mismo orden).

$$A = \begin{bmatrix} 16 & 8 & 18 \\ 35 & 14 & 33 \end{bmatrix}_{2\times3} \quad B = \begin{bmatrix} 13 & 10 & 21 \\ 19 & 14 & 28 \end{bmatrix}_{2\times3}$$

$$A + B = \begin{bmatrix} 16+13 & 8+10 & 18+21 \\ 35+19 & 14+14 & 33+28 \end{bmatrix}_{2\times3}$$

$$\therefore A + B = \begin{bmatrix} 29 & \mathbf{18} & 39 \\ 54 & 28 & 61 \end{bmatrix}.$$

Solución:
Finalmente, el modelo y color de automóvil que tuvo menor demanda, en el mes de enero, fue el RAV4 de color blanco.

Problema 04

Que triste, la despedida: La emigración ha acompañado a la humanidad a lo largo de toda su historia. Siempre han existido fenómenos migratorios con mayor o menor importancia en las sociedades, y en momentos de crisis económica como la actual, buscar nuevas oportunidades en otros países, puede ser una solución. El desarrollo de las sociedades actuales no se puede concebir sin este fenómeno ya que gracias a él la humanidad ha evolucionado en su forma de vida y de ver el mundo, compartiendo experiencias, inventos, avances, pensamientos, valores, etc. La señora Olga vio partir a sus tres hijos, Heidi y Paola por motivos de trabajo viajaron a Milán y París respectivamente, mientras, el

menor, Alejo, por estudios viajó a Londres, gracias a una beca otorgada por una institución gubernamental. Lo cual originó que la madre realice llamadas regulares a dichas ciudades. Las matrices **M** y **N** indican la duración (en minutos) de sus llamadas en sus horas pico y no pico, respectivamente, a cada una de esas ciudades durante el mes de diciembre.

$$\begin{array}{ccc} \text{MILÁN} & \text{PARÍS} & \text{LONDRES} \end{array} \qquad \begin{array}{ccc} \text{MILÁN} & \text{PARÍS} & \text{LONDRES} \end{array}$$
$$\mathbf{M} = [80 \quad 60 \quad 40]_{1\times 3} \quad \text{y} \quad \mathbf{N} = [300 \quad 150 \quad 250]_{1\times 3}$$

De otro lado, los costos de dichas llamadas, para los periodos pico y no pico en el mes en cuestión, están dados, respectivamente, por las matrices:

$$\mathbf{R} = \begin{array}{c} \text{MILÁN} \\ \text{PARÍS} \\ \text{LONDRES} \end{array} \begin{bmatrix} 0{,}34 \\ 0{,}42 \\ 0{,}48 \end{bmatrix}_{3\times 1} \quad \text{y} \quad \mathbf{S} = \begin{array}{c} \text{MILÁN} \\ \text{PARÍS} \\ \text{LONDRES} \end{array} \begin{bmatrix} 0{,}24 \\ 0{,}31 \\ 0{,}35 \end{bmatrix}_{3\times 1}$$

Determine la matriz **MR + NS**, e interprete el resultado.

RESOLUCIÓN

Primer paso:
Interpretemos la información que proporcionan las matrices **M** y **N**.

M y N	La entrada m_{11} de **M**, es la cantidad de minutos que consumió la Sra. Olga para comunicarse con su hija Heidi en la ciudad de Milán, en las horas pico.
	La entrada n_{13} de **N**, es la cantidad de minutos que consumió la Sra. Olga para comunicarse con su hijo Alejo en la ciudad de Londres, en las horas no pico.

Segundo paso:
El producto matricial, **MR**, se determina, así:

$$MR = \begin{bmatrix} 80 & 60 & 40 \end{bmatrix}_{1\times 3} \begin{bmatrix} 0{,}34 \\ 0{,}42 \\ 0{,}48 \end{bmatrix}_{3\times 1}$$

$$MR = [\ 80(0{,}34) + 60(0{,}42) + 40(0{,}48)\ ]_{1\times 1}$$

$\rightarrow$ **MR** $= [71{,}6]$.

El producto matricial, **NS**, se determina, así:

$$NS = \begin{bmatrix} 300 & 150 & 250 \end{bmatrix}_{3\times 1} \begin{bmatrix} 0{,}24 \\ 0{,}31 \\ 0{,}35 \end{bmatrix}_{3\times 1}$$

$$NS = [\ 300(0{,}24) + 150(0{,}31) + 250(0{,}35)\ ]_{1\times 1}$$

$\rightarrow$ **NS** $= [206]$.

A continuación, sumamos, ambas matrices:

$$MR + NS = [71{,}6] + [206]$$

$\rightarrow$ **MR + NS** $= [277{,}60]$.

Solución:
Finalmente, la interpretación de la matriz resultante es la cuenta total por llamadas de larga distancia, por parte de la Sra. Olga con sus tres hijos, en el mes de diciembre, y asciende a 277,60 unidades monetarias.

Supongamos que los costos se expresan en centavos de dólar, y tomando como referencia la llamada que realizó a Paola (París) en la hora no pico y teniendo en cuenta las unidades, consideremos:

$$150 \text{ minutos} \left(\frac{0{,}31 \text{ centavos}}{1 \text{ minuto}} \right)$$

$= 46{,}5$ centavos de dólar, que equivale a menos de medio dólar.

BIBLIOGRAFÍA

- Apostol Tom. Calculus. Editorial Reverté, 2da. Ed. 1998.
- Apostol Tom. Calculus II. Editorial Reverté, 2da. Ed. 1975.
- Arya Jagdish. Matemáticas aplicadas a la administración y economía. México, Pearson, 5ta. Ed., 2009.
- Brigham Eugene. Fundamentos de la administración financiera. 10ma. Ed. 2005.
- Budnick Frank. Matemáticas aplicadas para administración, economía y ciencias sociales. Mc Graw Hill. 4ta Ed. 2006.
- Cordeiro José. Planeamiento estratégico. Convenio Pluspetrol Perú corporation-UNI. 2007.
- Demana Franklin. Precálculo gráfico, numérico, algebraico. México, Pearson, 7ma. Ed., 2007.
- Diccionario de matemáticas. Grupo Editorial Norma, Perú, 1 982.
- Finney Thomas. Cálculo de una variable. México, Addison Wesley Longman, 9na. Ed., 1998.
- Frances Antonio. Estrategia y planes para la empresa. Editorial Pearson. 2006.
- Haeussler Ernest. Matemáticas para administración y economía. México, Pearson, 12ava. Ed., 2008.
- Harshbarger Ronald. Matemáticas aplicadas para administración, economía y ciencias sociales. Mc Graw Hill. 7ma Ed., 2005.
- Hasser, LaSalle, Sullivan. Análisis matemático-Curso intermedio. Editorial Trillas. 1971.
- Kindle J. Geometría analítica. Mc Graw Hill. 1ra. Ed. 2007.
- Kiselion, Krasnov. Problemas de ecuaciones diferenciales ordinarias. Editorial latinoamericana. 3ra. Ed., 1979.
- Hoffmann Laurence. Cálculo aplicado para administración, economía y ciencias Sociales. Mc Graw Hill. 8va.Ed. 2006.
- Krasnov M. Análisis vectorial. Editorial MIR-Moscú. 1981.

- Kreyszig Erwin. Matemáticas avanzadas para ingeniería. Editorial Limusa Wiley. 4ta. Ed. 2013.
- Krugman Paul. Fundamentos de economía. Editorial Reverté, 2008.
- Larson Hostetler. Cálculo. Colombia, Mc Graw Hill. 2006.
- Lass Harry. Análisis vectorial y tensorial. Editorial CECSA. 1ra Ed., 1969.
- Leithold Louis. El Cálculo. México, Grupo Mexicano Mapasa, 7ma Ed., 1998.
- Lehmann Charles. Geometría analítica. Editorial Limusa Wiley. Vigésima edición 1994.
- Lima, Elon Lages. Curso de análisis-volumen 2. IMPA. 1981.
- Marsden Jerrold. Cálculo vectorial. Editorial Pearson, 5ta. Ed. 2006.
- OIT. Cómo interpretar un balance. 2da. Ed. 1998.
- Piskunov N. Cálculo diferencial e integral. Editorial MIR-Moscú. 4ta Ed., 1971.
- Pita Claudio. Calculo vectorial. Editorial Prentice Hall hispanoamericana. 1ra. Ed., 1995.
- Proinversión-Esan. MYPEqueña empresa crece. 2da. Ed. 2007.
- Rogawski Jon. Cálculo de una variable. Editorial Reverté. 2012.
- Samuelson Paul. Economía. Editorial Mc Graw Hill. 19va. Ed. 2010.
- Sadler A. Understanding Pure mathematics. Oxford University Press.
- Santaló Luis. Vectores y tensores con sus aplicaciones. EUDEBA. 1961.
- Snider Davis. Análisis vectorial. Editorial Mc Graw Hill, 6ta. Ed. 1992.
- Soo Tang Tan. Matemáticas para administración y economía. México, International Thomson Editores, 3ra. Ed., 2005.
- Spivak Michael. Calculus. Editorial Reverté, 2da. Ed. 1992.
- Stewart James. Cálculo conceptos y contextos. México, International Thomson Editores, 1999.
- Sydsaeter Knut. Matemáticas para el análisis económico. Editorial Pearson. 2006.
- Zandin Kjell. Maynard manual del ingeniero industrial (2 tomos). Mc Graw Hill. 5ta. Ed. 2008.
- Zill Dennis. Cálculo. Mc Graw Hill, 4ta. Ed. 2011.
- Zill Dennis. Ecuaciones diferenciales. Cengage, 9na. Ed. 2009.

Colección
DEL COLEGIO A LA UNIVERSIDAD II

Pasitos de bebé

¡Compre la colección en tapa blanda!

Así podrá resolver en el mismo libro, los ejercicios y problemas de aplicación en la vida cotidiana. Recuerde que, siempre debe **DOCUMENTAR** lo que aprende. De esta forma, su **biblioteca** estará creciendo **matemáticamente.**

¡Compre los libros 2, 3, 4, 5, 6, 7, 8 y 9!

www.ingramcontent.com/pod-product-compliance
Lightning Source LLC
Chambersburg PA
CBHW051146220526
45473CB00003B/678